传统村落景观再生设计研究
以菏泽传统村落为例

韩素娟　著

中国纺织出版社有限公司

内 容 提 要

　　本书是传统村落景观设计方面的著作，聚焦中国山东省菏泽市鄄城县旧城镇葵堌堆村乡村文化复兴与聚落再生设计，通过相关设计策略的整理与实施，实现对村落文化意境再生、生态修复与美学景观营造、综合功能的提升、聚落空间系统的重塑。本书配以大量实例图片，图文并茂，实用性强，可作为景观设计爱好者的参考用书。

图书在版编目（CIP）数据

　　传统村落景观再生设计研究 ：以菏泽传统村落为例 /
韩素娟著 . -- 北京 ：中国纺织出版社有限公司，2023.4
　　ISBN 978-7-5229-0523-5

　　Ⅰ . ①传⋯　Ⅱ . ①韩⋯　Ⅲ . ①村落－景观设计－研究
－菏泽　Ⅳ . ① TU986.2

　　中国国家版本馆 CIP 数据核字（2023）第 069451 号

责任编辑：闫　星　　责任校对：高　涵　　责任印制：储志伟

中国纺织出版社有限公司出版发行
地址：北京市朝阳区百子湾东里 A407 号楼　邮政编码：100124
销售电话：010—67004422　传真：010—87155801
http：//www.c-textilep.com
中国纺织出版社天猫旗舰店
官方微博 http：//weibo.com/2119887771
北京虎彩文化传播有限公司印刷　各地新华书店经销
2023 年 4 月第 1 版第 1 次印刷
开本：710×1000　1/16　印张：18.25
字数：245 千字　定价：99.90 元

前　言

　　我国有大量的传统村落遗存，既是千年农耕文明的结晶，也是社会经济与文化发展的缩影。当今社会，传统村落景观的保护与发展陷入困境，关于传统村落的保护与再开发、传统民居的继承与创新设计、传统聚落空间的梳理与再设计也在不断尝试。在新的历史时期，如何让传统村落景观能够在兼顾传统村落文化特色的基础上与现代社会相融合，是亟待解决的问题和值得研究的方向。据统计，到 2020 年中国登记在册的传统村落有 6819 个，这些传统文化村落不仅承载着社会发展的印记，更是农耕文明不可再生的文化遗产。随着工业化、现代化的迅速发展，传统村落的衰败现象日益严峻，加强对于传统村落的保护与发展刻不容缓。在新一轮新型城镇化建设中兼顾传统村落的文化特色传承与可持续发展相协调，则成为本书的研究重点。

　　本书将"再生设计"的理论引入传统村落景观的保护与发展研究，以景观信息链为视角，结合建筑学、规划学、生态学、景观学、人文地理学等相关学科的综合研究方法，并综合分析陕西袁家村村庄发展历史、景观元素更迭及特质等村落文化信息与景观现状。在相关理论研究基础上进一步提出传统村落景观保护与再生设计的策略，目的在于探索一种能够活化传统村落、构建和谐乡村人居环境与延续聚落历史景观信息的营造和更新方法，为传统村落景观的保护与发展提供有价值的参考。不仅尊重传统村落既有历史文化和景观要素，而且从中提炼出适宜现代社会发展与审美的再生设计策略，进而将设计策略运用到传统文化村落景观再生设计中，这是本书的创新点及意义所在。

　　本书共分为九章。

　　第一章为传统村落景观再生设计的背景与相关概念界定，对当前传统村落景观再生的时代背景与人文环境进行分析，从经济与文化两个方面认识传统村落再生设计的新要求，并对传统村落再生设计的相关概念与相关理论进行深入的分析与研究。

第二章是传统村落景观再生设计的可行性分析，传统村落景观中蕴含着优秀的传统文化与中华民族独有的艺术魅力，传统村落景观再生设计有助于推动当地经济活力与社会文化的释放，也有助于其生态文化的展现与发展。因此，传统村落景观再生设计的研究是至关重要的，具有重要的现实意义。

第三章是对袁家村景观再生设计进行学习与分析，对袁家村的历史与结构进行分析，以此为指导，为菏泽传统村落景观的再生设计提供学习样例。

第四章是对传统村落景观再生设计的侧重点进行总结，确定八个再生设计原则，即地域文化性主导原则、空间延续性原则、艺术融入性原则、整体有机性原则、动态弹性原则、以人为本原则、原真性原则和经济性原则，并对传统村落再生设计内容进行界定，从文化基因再生、生态环境再生、景观形态再生、聚落空间再生与艺术传承再生五个方面着手。

第五章是对传统村落景观再生设计的路径分析，积极挖掘菏泽传统村落中的文化内涵，为村落的再生发展提供文化保障，激发村落再生发展的内在动力，构建对村落再生发展的评估机制。

第六章是对传统村落景观再生设计的实施策略进行制定，在空间上，完善村落景观布局；在功能上，引领传统村落景观的活力复兴；在生态上，提高传统村落景观环境的质量；在艺术上，增强传统村落的气质与内涵；在意境上，赋予传统村落以场所精神。

第七章与第八章是对菏泽传统村落景观——葵堌堆村与王乐田村进行再生设计成果的展现，通过以上途径与策略，对具体的村落进行设计，并将成果展示出来，是本书的实践部分，通过对两个村庄再生设计，以证实本书在理论与实践中的价值。

第九章是对传统村落景观再生设计的未来展望，深化可持续发展与绿色发展的理念，以传统村落景观的再生推动其当地生态文化的发展；通过传统村落与文化产业和旅游产业的融合，推动当地经济提升与发展。从这两个方面来找寻传统村落景观再生的价值与影响，不仅能对当地的经济与文化发展具有积极的意义，而且能反作用于传统村落景观本身，助力传统村落景观的再生与发展。

作者

2022 年 12 月

目 录

第一章 传统村落景观再生设计的背景与

相关概念界定

第一节　传统村落景观再生设计的人文环境与时代背景

一、人文环境助力传统村落景观再生

（一）生产力的提高推动人们认知环境的变化

1.突破了传统的发展模式

当今社会步入了互联网发展新时代，互联网、手机无线、个人计算机等以系列通信技术的出现，引发了生产力的新革命，超越了信息革命初期的时空设想，突破了"生产力发展依赖交通"的传统模式，为传统村落景观再生设计提供了新的可能性。

如今，人们工作和生活的选择更加自由，随着城市聚集产业要素的传统模式发生变化，乡村将成为人们生活、居住、旅游的重要选择对象。相较于城市，传统村落中所沉淀的文化魅力、历史内涵及物质空间环境的特色风貌具有别样的吸引力与竞争力。在这样的时代背景下，传统村落景观再生设计将获得"破茧重生"的机遇。

2.人们对传统村落景观的向往

现代化城市的发展，为人们提供了诸多便利，相应地，城市生活也为人们带来了一些烦恼，如住房压力、工作压力，城市激烈的市场竞争与复杂的人际关系等，都催生了人们对传统村落景观的向往。

相比之下，传统村落中的美丽景观、清新空气、高质量水源，都成为其再生设计的优势。长期以来，社会生产力发展都依赖交通条件，但是互联网的发展有助于人们摆脱城市空间的限制，重新回归传统村落的怀抱。试想一下，在一个有着浓厚历史文化韵味、山清水秀、鸟语花香的传统村落景观中，你躺在草坪上，沐浴在阳光之中，桌子上的计算机或手机中的网络，则可以让你与外界紧密相连。很显然，这样的生活也许会成为越来越多城市人的向往。

（二）多元化生活方式与价值观念带来的新选择

社会的不断进步、经济的不断发展，推动了现代人们价值观念的变化，为人们提供了更加多元化的生活方式，这将影响一批城市年轻人到乡村创业、旅游或定居。传统村落中悠久绵长的历史文化内涵、独具魅力的村落景观及田园牧歌式的生活图景，将吸引更多人了解传统村落、认识传统村落和接受传统村落。只要将传统村落的物质环境、基础设施进行适当的改造与升级，对传统村落景观进行再生设计，就可以满足多样的创意活动需求。很多年轻人的价值观念在逐渐转变，想要突破城市较为封闭的空间限制，追求自由、追求创意，他们自发结成"青年创客"联盟等形式，到乡村中去寻找商机，寻找归宿。这对于传统村落景观再生设计来说，是一个非常可贵的机遇。

另外，多元化的生活方式与价值观念的变化，也将影响一部分人返乡创业与居住。很多乡村中的青壮年劳动力背井离乡，想要去大城市打拼，但是由于各种原因，他们难以在城市中找到合适的生存位置，而且如今城市公共服务体制环境中的教育与医疗等公共服务的均等化还有待提升。更重要的是，农民工背井离乡无法满足对家人的照顾，和家人交流甚少。如果传统村落能够再生发展，为他们提供就业机会与创业良机，不仅有助于他们的生活与发展，还能促进当地经济与精神文明的可持续发展。

（三）黄河下游流域鲁西段的人文社会发展

我国人民对黄河有着独特的情感，我们热爱黄河、敬重黄河、感恩黄河。在我国古籍记载中，就将黄河称为"百川之首""四渎之宗"。《汉书·沟洫志》中说道："中国川源以百数，莫著于四渎，而河为宗。"其中，"河"即黄河。鲁西段位于黄河下游流域，居住文化从史前到如今，其发展脉络连续而清晰。史前的旧石器文化、新石器时代的仰韶文化、龙山文化等在此可考。

自南宋时期，中国的政治与经济中心逐渐向南方转移，虽然元、明、清时期的都城都位于北方，但长江流域已经超越黄河流域，发展成经济中心。清末时期，资本主义萌芽出现，人口向城市集中，在全国三十多个工商业大城市中，黄河下游流域鲁西段只有济南与开封两个城市。之后鲁西段经济发展一直没有脱离手工业与农业，经济发展速度有待提高。如今，我国加强对乡村振兴的重视，加强村落基础设施建设，积极推动黄河下游流域的经济发展。因此，本书致力于传统村落景观再生设计研究，以传统村落景观再生推动当地经济与文化的发展。

二、传统村落景观再生设计的时代背景

（一）国家新型城镇化背景下的城乡统筹与可持续发展要求

传统村落是农耕文明的载体，具有极其重要的历史研究价值。我国是农业大国，传统文化的根基在农村，传统村落保留着丰富多彩的文化遗产，是承载和体现中华民族传统文明的重要载体，具有较高的历史文化、建筑艺术、社会经济和生态旅游价值。对传统村落的保护在建设美丽中国、实施乡村振兴、传承传统文化等方面，具有重要的现实意义和深远的历史意义。由于保护体系不完善，同时随着工业化、城镇化和农业现代化的快速发展，一些传统村落消失或遭到破坏，保护传统村落迫在眉睫。

从 2012 年开始，住房和城乡建设部公开发文多项。2014 年，以确保传统村落保护工作顺利有序开展。住房和城乡建设部、文化部、国家文物局、财政部四部门联合出台了《关于切实加强中国传统村落保护的指导意见》（建村〔2014〕61 号），为防止出现盲目建设、过度开发、改造失当等修建性破坏现象，积极稳妥推进中国传统村落保护项目的实施。2020 年，住房和城乡建设部办公厅印发了《住房和城乡建设部办公厅关于实施中国传统村落挂牌保护工作的通知》❶（建办村函〔2020〕227 号），推动传统村落保护传承和发展，决定统一设置中国传统村落保护标志，实施挂牌保护。《中华人民共和国国民经济和社会发展第十四个五年规划和 2035 年远景目标纲要》和《国家新型城镇化规划（2021—2035 年）》指出，要坚持走以人为本、四化同步、优化布局、生态文明、文化传承的中国特色新型城镇化道路。同时，要推动历史文化传承与人文城市建设，保护历史文化名城名镇与历史文化街区的历史肌理、空间尺度、景观环境。各省市也相继出台关于传统村落保护的意见及措施。

截至目前，根据住房和城乡建设部官方网站公布统计，五批传统村落有6819 个，且呈现逐年递增的趋势，且分布于全国各地，尤其以安徽省、江苏省、浙江省、福建省、少数民族聚居地为多，如表 1-1 所示。

---

❶　住房和城乡建设部办公厅.城乡建设部办公厅关于实施中国传统村落挂牌保护工作的通知 [EB/OL].（2020-6-24）[2022-11-2]http://www.gov.cn/zhengceku/2020-05/15content-55118.63.hym.

表1-1 中国传统村落名录

批次	数量（个）	文号	时间	索引号
一	646	建村〔2012〕189号	2012.12.17	000013338/2012-00877
二	915	建村〔2013〕124号	2013.08.26	000013338/2013-00523
三	994	建村〔2014〕168号	2014.11.17	000013338/2014-00471
四	1598	建村〔2016〕278号	2016.12.09	000013338/2016-00328
五	2666	建村〔2019〕61号	2019.06.06	000013338/2019-00197

近年来，全国各省都出台了关于传统村落保护与建设的规划和实施政策文件，其中包括对传统村落进行调查认定、挂牌保护，对于传统村落示范村建设进行规范细则，如表1-2、表1-3所示。

表1-2 中国各省市关于传统村落保护与建设的规划和实施情况

日期	省份	内容
2021.01.20	江西省	《江西省传统村落整体保护规划》
2021.01.12	海南省	海南省澄迈挂牌保护15个传统村落
2020.12.31	新疆维吾尔自治区	新疆维吾尔自治区18个传统村落全部挂牌保护
2020.12.23	河北省	《关于进一步做好历史文化名镇名村和传统村落保护利用工作的通知》
2020.12.16	青海省	青海省123个传统村落全部实施挂牌保护
2020.09.16	贵州省	贵州省黔东南要求准确评估省级传统村落示范村建设
2020.09.03	云南省	《云南省住房和城乡建设厅关于公布第二批中国传统村落数字博物馆名单的通知》
2020.0611	云南省	云南省启动708个中国传统村落挂牌保护工作
2020.05.21	河南省	河南省启动第六批传统村落调查认定工作
2020.05.20	安徽省	安徽省为千余个传统村落建档用数字技术"留住乡愁"
2020.04.10	江苏省	江苏省公布首批107个省级传统村落名单

图表来源：根据相关文件统计绘制。

表 1-3　2012—2020 年住房和城乡建设部关于传统村落保护的公开发文

日期	文件名称	文号	备注
2012.04.16	住房城乡建设部、文化部、国家文物局、财政部关于开展传统村落调查的通知	建村〔2012〕58 号	附：传统村落调查登记表
2012.08.22	住房城乡建设部等部门关于印发《传统村落评价认定指标体系（试行）》的通知	建村〔2012〕125 号	附：传统村落评价认定指标体系（试行）
2012.12.12	住房城乡建设部　文化部　财政部关于加强传统村落保护发展工作的指导意见	建村〔2012〕184 号	
2013.02.04	住房城乡建设部　文化部　财政部关于做好 2013 年传统村落补充调查和推荐上报工作的通知	建村〔2013〕20 号	附：需核实补充材料的传统村落名单
2013.07.01	住房城乡建设部　文化部　财政部关于做好 2013 年中国传统村落保护发展工作的通知	建村〔2013〕102 号	附：中国传统村落档案制作要求
2013.09.18	住房城乡建设部关于印发传统村落保护发展规划编制基本要求（试行）的通知	建村〔2013〕130 号	
2014.04.25	住房城乡建设部　文化部　国家文物局　财政部关于切实加强中国传统村落保护的指导意见	建村〔2014〕61 号	附：地级市传统村落保护整体实施方案编制要求
2014.08.26	住房城乡建设部办公厅关于组织开展中国传统村落系列宣传活动的通知	建办村函〔2014〕518 号	
2014.09.05	住房城乡建设部　文化部　国家文物局关于做好中国传统村落保护项目实施工作的意见	建村〔2014〕135 号	
2014.09.18	住房城乡建设部等部门出台意见规范传统村落保护项目实施　严禁拆并传统村落　要求见人见物见生活		
2015.06.23	住房城乡建设部等部门关于做好 2015 年中国传统村落保护工作的通知	建村〔2015〕91 号	
2016.07.01	首期中国传统村落保护发展培训班举办		

续表

日期	文件名称	文号	备注
2016.11.03	住房城乡建设部办公厅等部门关于印发《中国传统村落警示和退出暂行规定（试行）》的通知	建办村〔2016〕55号	附：中国传统村落警示和推出暂行规定（试行）
2016.12.28	住房城乡建设部等部门关于公布2016年第二批列入中央财政支持范围的中国传统村落的通知	建村〔2016〕297号	附：2016年第二批列入中央财政支持范围的中国传统村落
2017.02.28	住房城乡建设部办公厅关于做好中国传统村落数字博物馆优秀村落建馆工作的通知	建办村函〔2017〕137号	
2017.05.09	住房城乡建设部等部门关于公布2017年列入中央财政支持范围和2018年拟列入中央财政支持范围中国传统村落名单的通知	建村〔2017〕109号	附：1. 2017年列入中央财政支持范围的中国传统村落名单 2. 2018年拟列入中央财政支持范围的中国传统村落名单
2017.07.07	住房城乡建设部关于举办首届"传统村落保护发展国际大会"的通知	建村函〔2017〕187号	
2017.07.28	住房城乡建设部办公厅关于做好第五批中国传统村落调查推荐工作的通知	建办村〔2017〕52号	附：第五批传统村落调查推荐表
2019.09.12	住房和城乡建设部办公厅关于加强贫困地区传统村落保护工作的通知 住房和城乡建设部办公厅关于实施中国传统村落挂牌保护工作的通知	建办村〔2019〕61号 建办村函〔2020〕227号	附：标志牌样式及要求

由此可见，国家将保护与传承历史文化村落的工作放在了非常重要的位置。从当前新形势的整体层面来看，虽然大多数传统村落景观的物质基础有待强化，但是由于其本身承载的社会历史信息与建筑文化，对于当今现代化发展的社会阶段与文明传承来说，具有非常重要的历史文化价值，传统村落中蕴含的优秀历史文化及其发展的空间环境，已经成为文明内涵中重要的一部分。因此，国家对于传统村落景观的重视，要求传统村落景观的再生发展。

近年来，我国积极开展的传统村落保护与利用工作就是在国家新型城市化背景下的重要实践，这为传统村落景观的再生提供了政策保障，也提供了新的发展要求。

（二）中国关于传统村落保护与再生设计的研究

1.历史地理学角度

村落在我国传统社会以及政治与经济发展史中占据着非常独特的位置。最早站在历史地理学角度对村落进行研究的学者是侯仁之先生。20世纪80年代，金其铭在《中国农村聚落地理学》一书中将我国乡村聚落进行分类，对其展开了较为详细、全面的研究。金其铭在此使用的分类方法具有很高的参考价值，对当地地理环境与农村聚落产生发展之间的关系进行了论证。

20世纪末，对传统村落的研究得到了越来越多专家学者的重视。《北京郊区村落发展史》与《北京郊区村落的分布特点及其形成原因的初步研究》相继出版，作者尹钧科指出了自然与人文环境对村落的重要影响，他在论述郊区村落发展的过程中，充分分析多种因素对村落的影响。李斯泽与任军通过对闽赣地区与晋陕地区聚落的比较研究，分析两地村落形成的相同点与不同点，并指出社会文化在村落形成过程中的决定性作用，同时指出村落发展与社会政治体制模式、当地经济水平等方面存在密不可分的关系。张晓虹在《山西历史聚落地理研究》中对山西省历史时期的聚落特征进行重点阐述，特别表达出对环境与聚落景观之间关系的重视。

陆林、凌善金、焦华富等以徽州古村落的生成将徽州古村落的演化机制与演化过程推演出来。徽州是历史上中原人口三次南迁的重要迁徙地，因此在徽州境内形成了很多的古村落。徽商的发展推动了徽州古村落走向鼎盛，至今存在的很多徽州古村落都是在徽商的助力下形成的。

王庆成以西方人在华旅行游记与地方文献为依据，对晚清时期华北村落的外部形态进行研究，他认为这一时期村落规模以中小型为主，只有少数人口百户以上。除此之外，王庆成还对村落的交通、街巷、房屋结构等情况进行整理与分析，并记录了当时一些村落的存图。尹璐等对村落形成发展过程中农业产生的作用进行分析与论述，以粮食产量这一指标为切入点，将全国农业地理条件划分为六个类型，并举例说明了不同村落类型之间的存在的差异。

于秀萍、童广俊的论述中，之所以沧州的形成不同于其他自然村落，是因为元末明初的战乱使直隶沧州人口锐减，为弥补人口损失，明洪武、永乐年间分别组织了向该地的移民，从而形成移民村落。王志清使用民族志的方法对蒙古族聚居村落——烟台营子村的形成与发展过程进行分析和阐述，道出了文化变迁对村落变迁的重要影响，强调村落自身具备的文化自适调节能力。

2. 文化生态学角度

文化的存在与发展的状态、资源、环境等均是文化生态学研究的主要内容。文化生态学是一门新兴的交叉学科，其主要是使用生态学的研究方法对文化学进行研究，对人类文化群体在地理环境中的发展特征进行分析与研究。

叶云认为文化生态系统是一个有机统一体，是由所处的地理环境与文化群落构成的，即文化内部各个要素之间的相互关系与文化的存在状态。刘沛林对村落与环境的关系进行分析，认为"山为骨架、水为血脉"，他强调本真自然，讲求返璞归真，重视因地制宜，追求人与自然之间的和谐发展与内容形式的丰富性，将田园山水等自然风光与传统村落景观进行融合。

欧阳文对北京古村落的合院式民居的组合方式与基本类型进行了整理与归纳，并对北方山地合院式空间的构成进行了比较系统的分析与研究。

古村落场理论和古村落景观的安全格局，被冯淑华和沙润以场论为基础提出。按照他们的理论，除了古村落，其他现代建筑景观都可以被视为干扰场源。河南临沣寨的空间布局、交通组织、选址理念、民居建筑和防御系统等方面被史学民等进行了分析和阐述。聚落空间的研究系列在段进等人的开展下，取得了很有价值的成果。

在研究生态学解释和古村落空间关系的旅游生态位概念中，徐红罡和薛丹检验了安徽省宏村和西递之间的空间关系是稳定的竞争关系，并且建立了仿生学空间关系数学模型。

在对韶关地区典型古村落景观的研究中，潘文鹏和朱雪梅对其从空间尺度和文化内容进行了景观意象的差异化分析。

庞俊和张杰为了研究福全古村落的发展规律和轨迹，对其文化空间、街巷空间、历史空间和建筑空间的演变历程进行了分析。

在对黔东南苗族中古村落特征和结构的文化背景分析中，杨东升揭示了黔东、南苗族、古村落文化变迁、环境及文化和历史形成。

周庆华在《黄土高原·河谷中的聚落：陕北地区人居环境空间形态模式研究》一书中以黄土沟壑中隐藏的古村落特性为切入点，借鉴其流域范围内的相关研究成果，将陕北河谷村落空间形态演化的特征、历程与规律分析出来，提出了河谷村落小流域乡村空间、空间递进扩张及传统窑洞改造等多种村落形态分布规律，是一部非常好的古村落形态学研究著作。

3. 文化地理学角度

文化地理学是从地理学角度对文化现象的分布与演变进行研究的一门学科，包括物质与非物质的部分，主要研究的方法是通过收集资料，获得多方面的信息，对乡村聚落各个要素的空间布局进行分析与论述，并对乡村聚落的一般发展进化规律和地域布局形态进行研究。从本质上来说，我国还是以农业为主，而村落作为人们居住、生活与繁衍的空间单元，其发展贯穿于我国整个历史发展历程。

20世纪80年代，学者们的研究主要集中于依据行政区划分的各地域的民间建筑；20世纪80年代之后，聚落地理学理论逐渐发展成熟。例如，刘沛林以景观基因理论为判断标准，通过景观生态学与聚落形态学的方法将传统村落中的景观基因归纳总结出来。到了近代，很多地理学学者对人文地理学进行研究，这一时期的人文地理学得到了快速发展。

同时，古村落的研究步入大众视野，得到越来越多的重视，这一时期古村落已经转变成为现代社会生活中的传统村落，从而更能体现出其传统文化的丰富内涵。随着研究重点的不断变化，从最初的重视物质层面的乡土建筑发展到了能够将物质与非物质文化融合的村落文化景观，再到村落的文化与经济建设，研究逐步渗透到国家的现实发展与历史文化的基层单元中，在最大限度保护村落的情况下，促使承载着文化遗产的古村落尽可能地与现代社会的经济与发展相融合。站在地理环境的角度上讲，陆林等学者以徽州古村落的形成与发展为例进行深入细致的研究，发现地形在村落形成发展方面存在的重要影响。

（三）中国传统村落文化景观保护研究状况——以党家村为例

1. 党家村背景

党家村位于历史文化名城、陕西省韩城市东北方向，西南距新城区9千米，西距108国道1.5千米，东距黄河3.5千米，坐落在东西走向泌水河谷北侧，所处地段呈葫芦形状，俗称"党圪崂"。党家村现为国家重点文物保护单位，并入选世界遗产预备名单。党家村现属韩城市西庄镇，主要有党、贾两族，320 户人家，1 400 余人，约 670 年历史。

党家村四合院是韩城民居的典型代表，韩城在乾隆年间曾经被称为陕西的"小北京"，而党家村因农商并重经济发达则又被称为"小韩城"，可见当年的盛况。2001 年 6 月 25 日经国务院批文，党家村古建筑群被列入国家重点文物保护单位。2003 年入选中国历史文化名村（第一批）名单。英国皇家建筑学会查理教授说道："东方建筑文化在中国，中国民居建筑文化在韩城。"日本建筑学会农村计划委员会委员长工学博士青木正夫撰文："我曾到过欧、亚、美、非四大洲十多个国家，从来没有见过布局如此紧凑、做工如此精细、风貌如此古朴典雅，文化气息如此浓厚、历史悠久的保存完好的古代传统居民村寨。党家村是东方人类古代传统居住村寨的活化石。"走进党家村，那古老的石砌巷道，那形式多样、千姿百态的高大门楼，那考究的上马石、庄严的祠堂、挺拔的文星阁、神秘的避尘珠、华美的节孝碑与布局合理的四合院无不向人们诉说着党家村往日的兴盛与辉煌。那些精美奇巧的门楣、木雕、砖雕、玉壁刻家训，使人们在欣赏赞叹之余又感受到中国艺术的魅力，如图 1-1所示。

（a）节孝碑　　　　　　　（b）文星阁　　　　　　　（c）看家楼

图 1-1　党家村

（图片来源：作者自摄）

儒家传统人文思想的教益，使人们真实地感知、感受到做人做事的哲理。城墙、看家楼、泌阳堡、夹层墙及哨门等攻防兼备古代防御体系，是党家村保存至今的一个重要原因，也体现出当时党家村人当时的心态。党家村选址合理，村容如舟，木、石、砖三雕俱全，具有很高的研究鉴赏价值，而现存的古代题字及生活用品完整地展现了当时的生活文化氛围（图1-2）。党家村集古代中国文化、建筑之大成，是人类文明的宝贵遗产。

（a）党家村入口 　　　　　　　（b）党家村老村历史民居

图1-2　党家村旅游景区

（图片来源：作者自摄）

2. 空间布局

在《党家村村歌》中发现有这样几句歌词："西望梁山层峦翠，北枕高岗有依托。泌水南绕潺潺流，蜿蜒东去向黄河。"当地乡土文人也称："梁山西照，泌水东流。"还有"取不尽的西北，填不满的东南""东高不算高，西高压弯腰"等说法。此外，《韩城县志》中载有《芝川镇城门楼记》："是城也，当初筑时，一堪舆者登麓而眺，警曰：'芝川城塞韩谿口，犹骊龙衔珠，珠将生辉，人文后必萃映。'迩岁科第源源，果符堪舆者言。人未尝不叹是城武备而文荫也。"[1]由此可知，党家村的空间布局便是在山水之间，西有梁山，南有泌水，蜿蜒向东流入黄河，形成了相对统一的"山（原）、山（原）"模式，以及"山、水"模式。这种特定的"自然结构"，首先是地域环境和聚居需求的客观反映。"山水聚居模式"并不是抽象的，而是以"人"和"人的感知"为设计出发点，加上精神文化的影响，进而确立了自然要素的精妙构图，最终在令人神迷的"山川水镜"和"丰饶文昌"中，展现极具标志性的地理形式特征和景致特征，如图1-3、图1-4所示。

---

[1] 张涛：《韩城传统县域人居环境营造研究》，西安，西安建筑科技大学，2014。

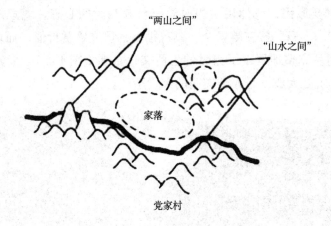

图1-3 党家村地理位置1

（图片来源：作者自绘）

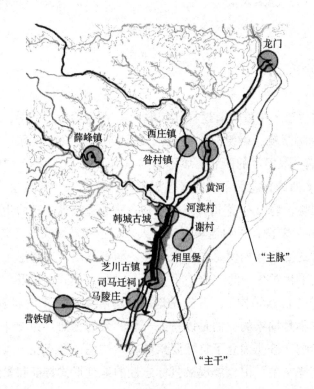

图1-4 党家村地理位置2

（图片来源：作者自绘）

3. 细部砖雕及木雕

在党家村的一幅"封侯抱印"壁画中，树杈上有蜂房和一枚官印，一只"猴子"攀树而上。为使构图丰富，整个画面上部以浓密的松针叶、灵芝布局，松树枝间双喜鹊飞翔。树下停有一只鹿（禄），地上奇石幽兰，背景隐约可见南山，如图1-5所示。这样，"松青长寿如南山，双喜临门福禄全。封侯抱印灵子在，志喻情兰石喻坚"。看似一幅传统的中国画，无须一字之解释，东方艺术的自然含蓄、朴实无华的特点得到了淋漓尽致的体现，黄河文化的审美传统和艺术、智慧创造精神得到了充分的体现。

图1-5　封侯抱印

（图片来源：作者自摄）

节孝碑，工艺不凡，碑上花纹、符号、文字的雕刻水平均属上乘。古时立节孝碑是有严格的规定，要先上报朝廷，礼部部议后再经皇帝批准才可建造，封建社会被看作莫大荣耀，但由此碑也折射出当时妇女们的社会地位极低。这么富丽堂皇的碑楼碑主却只称为"牛孺人"，有姓无名。"夫在从夫"，尚有夫妻之情庇护；夫死守寡，其地位更会等而下之，如图1-6所示。

图1-6 节孝碑

（图片来源：作者自摄）

党家村"福"字照墙，位于村西面朝大巷的砖墙上。光绪年间，先辈党蒙在翰林院任职，为官清廉正直，字写得好，围棋也下得好，深受慈禧太后的赏识。有一次，党蒙与慈禧太后下棋聊天，谈起了自己的故乡，为慈禧太后讲述了党家村先祖的发家创业史。慈禧太后听后非常感动，说道："这是你的福气啊！"于是，慈禧太后提笔写下这个福字并赏赐给了党蒙。"福"文化是中国土生土长的民俗文化，随着中国几千年历史文明的变迁和发展，"福"文化也不断变化，并日益丰富。它是由两只鹤组成的：一只是仰头鹤，另一只是低头鹤。鹤是长寿、吉祥、高雅的象征，这个"福"字左边象形一个"衣"字，右边是一口田，寓意福寿双全，丰衣足食。党家村人把这个"福"字放在大巷上，一方面是感念先祖创业的艰难；另一方面是激励子孙要不断进取，谋求幸福。回顾党家村 600 余年的历史，正是一部祈福、求福、创福，从而有福可享的创业史。一个"福"字贯穿了党家村人从无到有、从小到大、从穷到富的全过程，一面照墙，犹如一盏明灯，指引党家村的祖祖辈辈，不断开拓，奋斗不已。党家村的老人常说，我们村这个"福"字很有灵气，谁要是心情郁闷，或倒了霉运，摸一下"福"字，肯定会时来运转，鸿运当头的。党家村"福"字照墙，如图 1-7 所示。

图 1-7　"福"字照墙

（图片来源：作者自摄）

在以农耕经济为基础的环境下，我国的传统民居所体现出的是传统文化人本主义精神，且带有浓厚的儒家思想。象征性思维在我国传统民居中的运用比较广泛，通过民居建筑，使人们联想到各种美好的寓意，从而表达出对美好生活的向往。在韩城党家村民居建筑雕饰纹样中，充满了浓郁的乡土气息，流露着一种质朴的、带有群体意识的审美情趣，且大多数都是表达期盼福、禄、寿、喜的吉祥寓意，这集中体现了党家村村民们的生存观念。吉祥主题的纹样具有广泛的生命力，反映了一个民族传统的文化积淀。党家村的吉祥纹样随处可见，如党家村影壁雕刻图案中的须弥座莲花纹和卷草纹，都具有特定的寓意，莲花纹有单独的花纹，也有莲叶并用的花纹，其形态表现出了自由、没有束缚，同时与云纹组合在一起，有"人丁兴旺、连年好合"的寓意；而卷草纹是经过艺术处理的半抽象化的植物变形纹样，一般与各种花卉和动物图案搭配在一起使用，呈现出翻转、连续的造型，若与龙纹相结合，则有"龙上九天"的寓意。党家村的先人曾在山西经商，因此这些重商、重功名且更重孝道礼节之风，这也在党家村民居中的雕饰纹样中体现出来，如影壁上的大字"忠、孝、福"和屋脊雕饰、垂花门楼、抱鼓石等建筑构件中的装饰图案纹样，无论是人物、花鸟还是飞禽走兽等题材，都包含"吉者福善之事，祥者喜庆之征"的吉祥心理。吉祥主题的纹样体现出传统文化的精髓和儒家思想内涵，是中国传统文化的重要组成部分，如图1-8、图1-9所示。

图1-8　雕饰纹样1

（图片来源：作者自摄）

图 1-9　雕饰纹样 2

（图片来源：作者自摄）

第二节　新时代对传统村落景观再生设计的新要求

　　传统村落是我国建筑历史文化的珍宝，各地传统村落文化景观以其神秘而独特的魅力驱使人们不断前往，如何有效地对其进行规划、保护和传承，是学术界和社会各界共同关注的课题。

　　然而，人们除了关注传统村落"好玩""好看"和"有价值"的外在形式，还应该对其背后存在的各种矛盾和社会问题给予更多的关注：由于资源不集中、信息不对称及交通的不便利，村庄内大部分青壮年外出务工，老人、儿童和妇女成为留守人员，家庭结构的巨大变化影响了乡村的整体面貌，大片田地荒废，城乡差距仍然很大，村落集体文化的衰落，亲情关系的疏离，这些消极因素削弱着民众的自信心和归属感，同时让乡村失去了活力，没有了生机。当下，传统村落的发展脉络存在诸多方面的雷同。例如，旅游开发模式，包括纪念品、民俗表演（非遗表演）、农家乐、民宿、景观公园化等，离开了地域文化的主导，这些都是只有商业气息而没有内涵的空壳。然而，目前仍然没有一个特别好的办法让传统村落从"空巢化"和"旅游化"的困境中走出来。

因此，我们需要回到"原点"，重新思考保护传统村落的初衷，认真思考"乡愁"的深层含义，重估乡村的价值。留住乡愁最重要的是既留住村落的精神文化价值，也留住家园情感、土地情感和文化情怀。费孝通先生在《乡土中国》一书中说道："在变迁中，习惯是适应的阻碍，经验等于顽固和落伍。"我国传统乡村的发展道路没有止境，在社会新的转型期，在互联网的迅速发展的当下，或许"互联网 + 乡村"可以成为一种新的发展模式，通过乡村资源链接平台的搭建，营造社区传统手工艺创作场所，强调村民是文化真正的主人，利用民族文化创建社区发展的机遇；连接城市与乡村，引领"一村一品"的发展，将传统乡村当地的农副产品、手工艺品精品化、个性化、品牌化，将传统民俗文化、风土建筑等对外发布，适当发展具有原真性的、可持续性的乡村旅游，让更多的人通过乡村互联网平台了解资源，激活村落中的人、物、景等。

党的二十大指出要加快构建新发展格局，着力推动高质量发展，推动绿色发展，促进人与自然和谐共生，推进文化自强，铸就社会主义文化新辉煌。

一、传统村落经济转型

（一）从传统到现代

制度经济学是研究经济转型的经典理论。要推进传统村落的再生与发展，无论是在需求方面，还是在供给方面，传统村落经济迫切需要这种基于制度层面的最为深刻的、彻底的经济转型。制度转型成为传统村落再生发展的重要内容，同样地，制度转型也是菏泽传统村落景观再生发展的重要内容，贯穿菏泽传统村落经济生活的全领域和全过程。通过建立现代经济制度以激发菏泽传统村落中的经济活力，从而实现菏泽传统村落经济从传统向现代的转型发展。

制度变迁理论认为，在推迟或促进制度变迁的过程中，制度变迁的成本与收益发挥着重要的作用，只有在预期收益超出预期成本的情况下，行为主体才会发挥作用，去推动实现制度的变迁。在诺思有关制度经济学理论分析框架中，他使用了两个基本的支柱体系，即国家理论与产权理论，来解释说明经济衰退与增长的根源。诺思认为，经济增长的关键在于有效率的产权，一个社会的所有权体系如果能够规定个人的财产权利，并为之提供强有力的保护，就可以减少经济活动的费用与成本，使个人利益接近社会利益，从而发挥个人创新的作用，促进整个社会经济效率的提升。产权具有公共产品这一属性，它的建立必须有国家的参与。

诺思的制度变迁理论对传统村落经济的再生发展具有重要的启示，即首先要削弱传统村落经济改革的路径依赖。传统村落再生发展在村落经济领域的要求有两个方面：一方面是从自给自足的自然经济向市场经济转型，另一方面是从传统的计划经济体制向市场经济体制转型。这种经济双重转型的复杂性决定了制度变迁过程中的渐进性与艰难性，也映射出其过程必然存在路径依赖。在传统村落经济转型的发展过程中，首先，要积极培养推动转型发展过程中的新生改革力量，积极削弱转型发展过程中的各种阻碍力量；其次，要加快产权改革的进程。产权是构成制度框架的重要元素，因此产权结构的创新是制度创新的一个重要内容。对产权与产权结构的明确是传统村落经济转型与再生发展的重要力量与前提条件；最后，要积极发挥政府的主导作用。政府在经济改革与制度变迁的过程中发挥着重要的作用，政府可以利用自己在资源配置中的优势地位，为新体制的产生与发展提供一个有利的环境。因此，在传统村落经济与再生发展的过程中，要重视政府对村落经济改革的推动作用与主导作用，引导制度变迁推动传统村落经济从传统向现代转型。

（二）从分散到合作

我国经济体制改革已经取得显著的成效，已经基本从计划经济体制转型为市场经济体制，且被世界主要经济体确认为完全市场经济国家。因此，在我国传统村落景观再生发展的过程中也需要积极进行经济转型，改变自身的观念意识与生产行为。作为传统村落景观经济转型的主体，村落居民要积极增强自身的市场经济意识，提高参与市场竞争的自觉性与主动性，将原本"单打独斗"较为分散的经济行为整合起来，相互合作，建立与市场经济要求相吻合的经营模式。

菏泽传统村落景观的再生发展，就需要其农村市场经济体系不断进行完善与优化，增强其农民的市场竞争力，推动自身村落经济从单一到多元、从分散到合作的转型。菏泽传统村落居民只有转变自身的经营模式，接受尝试新的合作模式，才能在市场经济体系中拥有一定的话语权，才能与企业展开竞争，才能在生产、销售、消费等各个环节中占据主动位置，这也成为新时代背景下传统村落景观再生设计的新要求。

（三）从封闭到开放

美国经济学家约翰·威廉逊提出，从社会学角度研究经济问题对经济学本身发展具有重要的意义。当我们对传统村落经济变迁与发展进行分析与认识时，不能只考虑单纯经济行为逻辑的作用，还需要对传统村落景观这一社会系统中的其他非经济因素进行分析与考虑。菏泽传统村落经济转型与再生发展中的研究重点在于对其社会关系网络的认识与分析。"社会关系网络作为社会资本对经济绩效是有影响的，至少相当于人力资本或教育的作用。"❶社会网络的发展程度与社会资本存量的丰富程度具有密切的联系。在市场经济的不断影响下，传统村落的社会资本需要重构，重新建立一种公平、合作、信任、平等的规范理念。

传统村落社会网络是村落经济的一种重要资本形态，在菏泽传统村落经济转型的过程中，其村落社会网络需要实现从封闭到开放的转型。随着菏泽传统村落活动空间的扩大，生产环节分工程度的深化，社会化服务取代了传统农户的自我服务；土地、劳动力、资金配置市场化，家庭资源配置外部化，生产要素配置由家庭内部走向外部社会；人际交往范围扩大，交往程度加深，交往频率提升。

村落社会生产方式的转型对村落居民的交往方式也产生一定的影响，家庭生产和资源配置被卷入全球性的社会分工与生产链条中，村落居民由一个家庭人转变成为社会人。

随着菏泽村落社会结构分化水平的不断提高，分化边界由封闭性向开放性的转变，以社会关系网络为表征的社会资本分化推动着菏泽传统村落人际关系的不断转型，使其从自给自足的村落自然经济向注重环境、资源、文化、人口等村落社会因素协调转型发展，从菏泽传统村落差序格局下基于道义的互惠社会网络向互惠协作的现代村落文明转型。

---

❶ 朱全景：《中国经济转型的社会资本分析》，经济社会体制比较,2011（5）:192-198。

二、传统村落文化空间的保护与发展

（一）更新理念，增加活力

传统村落文化空间在观念层面的优化主要表现在当地居民在村落发展过程中的审美观念的转变、价值观念多样化发展及更新保护观念。

1. 审美观念的转变

在当前国家助力传统村落振兴发展的大背景下，当地村民应该积极转变自身的审美观念，优化传统村落的建筑风貌，满足村落发展与社会发展的需求。在传统村落再生发展过程中，政府要积极引导基层干部与广大居民对现代建筑形式进行认识，提高其审美水平，寻找到真正符合村民生活且可以承载村落文化，并助力传统村落景观再生发展的审美价值观。

2. 价值观念多样化发展

传统村落在长期一元化的发展过程中，会使村民形成的思想观念与价值取向也朝着一元化发展。因此，在传统村落景观再生发展的过程中，要积极缓解传统村落自身发展的压力，转变村民的价值观与思想观念。对美好生活的物质与文化需求是村民价值观念的核心，村民认同的价值观成为传统村落景观再生发展中的一项重要影响因素，相关部门要积极引导村民价值观念多样化发展，助力传统村落景观的再生工作。

3. 更新保护观念

村民是传统村落的直接保护者与管理者，其思想认识的水平与传统村落保护的力度直接相关。在开发菏泽传统村落的过程中，切不可盲目追求发展，要重视传统村落的潜在价值，合理、有序、科学地进行开发与再生工作。在经济建设、商业开发、旅游发展的过程中，要以保护与维护传统村落历史文化环境为前提，保持传统村落独有的文化魅力、个性特征与历史感，这样才能推动传统村落可持续健康发展。

（二）增强特色，千村千面

文化在传统村落景观的再生发展中占据重要的地位，传统村落元素随着文化的作用形成并相互联系。文化通过人产生，并从多个方面对人进行区分，因此群体表现出的特征性与文化存在着紧密联系，文化既是形成动力也是联系纽带。"在根本不存在之前任何真理都不存在，在根本不存在之后，任何真理都将不存在，因为在那时真理就不能作为展开状态或揭示活动或揭示状态来往。"[1] 在特有的文化观念中孕育出独有的文化特色，空间文化特征伴随村民观念与社会文化的变化而变化，并影响着村民的文化价值观念与生活方式。传统村落文化是民族精神的一个重要的内在因素，是村落以及村落共同体在生活实践中创造的精神与物质文明的结合。在我国，村落结构占据着主导位置，传统村落文化以其独特的形式维系着村落的再生与发展，以强大的民族精神维系着民族的绵延与发展。

1. 保护传统村落文化

村落传统文化需要得到切实的保护与发展，传统文化是日常行为与生活观念联系最为密切的基本文化因素，一个地区中世代相连、持续稳定、连续发展的观念与行为造就了这一地区独特的地方传统习俗。对菏泽传统村落文化的保护，可以从以下三个方面进行。

（1）挖掘自身文化特色，坚定文化自信，减少现代文化对传统文化的冲击，最大限度地保留传统村落景观的原貌。

（2）在对传统村落文化进行创新的过程中，要注重保留传统村落文化中的精髓，不可刻意盲目地进行创新，要加强对村落传统文化内涵的理解，保留历史文化的原真性。

（3）加强村民对非物质文化遗产的重视，增强村民对传统村落文化保护的意识。

2. 增强传统村落文化特色

在传统村落景观再生发展的过程中，如果失去其本身的文化特色，那么传统村落景观的再生工作也将面临着失败。在传统村落景观再生工作中，要深入挖掘与开发传统村落景观中的文化特色，挖掘传统村落景观中的精品，保护传统村落中的历史文化资源，最终达到以文化带动传统村落景观再生的目的。现代文明的冲击，让传统村落景观的文化特色遭受到不同程度的影响，因此要做好传统村落文化全面系统的规划，包括对文化的定位、文化基础设施的建设、文化活动的开展、文化人才的培养、文化产业的发展等。

---

❶ 阿摩斯·拉普卜特：《文化特性与建筑设计》，常青，张昕，张鹏，译.北京，中国建筑工业出版社，2004：33。

3. 解决文化与空间之间的脱离

（1）加强传统村落景观的再生与文化研究的联系。我国传统村落文化研究起步得比较晚，要积极增加我们对传统村落景观的保护与再生经验。针对传统村落景观文化的研究不仅要集中在人文学科与其他学科领域上，其保护再生策略的制定还要与实际工作接轨，将对传统文化的研究纳入传统村落景观的再生工作中，将文化与空间的联系紧密地结合起来。

（2）寻找文化与空间保护与再生策略的结合点。欧洲国家在城镇与村落保护开发的过程中，使用场所作为实体空间与非实体空间融合的契合点，从而形成村落与城市区域共生的方式，并对其村落的历史遗产进行区域性整体保护，配合旅游灌流对场所在精神与物质方面进行保护和发展。目前，国内传统村落景观保护与再生工作急需将文化与空间联系起来，保护重要场所与传统文化。

4. 推进传统村落文化的传承与创新

传统村落景观设计的再生需要对其村落文化进行传承与创新，要遵循乡村振兴战略的要求，激发当地传统村落的文化价值，增强村民的文化自信，通过多种方式进行文化传承，从多层面探索传统村落文化的创新途径与创新方法。

传统村落不是一个孤立的存在，它具有一定的完整性与系统性，是一个有机综合体。例如，河北省石家庄的传统村落景观，其文化形式构成多样，具体表现为井陉古驿道、井陉窑遗址、明清代的石碑宗祠等；以剪纸、社火、丝弦为民俗文化；以道德伦理、乡规民约、感恩文化为代表的农耕文化秩序。这些不同类型的文化遗存，就组建成为具有高度整合性与稳定性的文化生态系统。

传统村落是具有多重价值的综合体，集民俗民风、科学研究、游戏休闲、历史文化于一体，是彰显中华优秀传统文化的重要载体，加强对传统村落文化的传承与创新，是实现传统村落再生与发展的重要途径，对实现乡村文化振兴与美丽农村建设具有重要的意义。

（1）激活村落文化价值，寻找村落文化与时代需求的融合点。现阶段，实现传统村落文化传承与创新的重要推动力就是激活村落中蕴含的文化价值。积极鼓励社会资本参与到传统村落文化再生建设中，积极开展生产性的保护措施，挖掘文化与时代之间的共同点，将村落文化资源转化为文化产品。除此之外，还可以建设一些具有村落特色的非遗文化产业，助力衍生产业链的产生与发展。利用非遗项目的景点符号与文化元素，以中青年用户为目标群体，进行一些小游戏的开发，推动非遗文化的传播与发展。对编织、刺绣、面塑等传统手工技艺，可以将这些手工技艺的制作过程开发设计成具有操作性的体验项目，或具有实用性与审美性的文化创意产品，满足现代人的生活需求与审美需求，并将传统村落文脉延续下去。

（2）建设多元的文化教育体系，引领村民增强文化自信。实现传统村落文化传承、创新、发展的关键点就在于增强村民文化自信。村落主体乡土文化归属感与认知感的提高就是传统村落文化创新发展的重要推动力。村民增强自身文化自信，有助于与外来文化进行友好互动，有助于对原生文化的精神内涵进行重构。乡土文化中包含着很多优秀的传统文化，通过构建多元化的教育体系，一方面，可以将村落中的文化历史与家族渊源展示出来，增强村民文化内生力的自信；另一方面，可以通过传统村落中特定的民俗文化活动，提高村民的人文情怀，培养村民的文化自豪感与自信心，建设具有高度凝聚力与高度文化自信的新型村落共同体。

（3）打造多元化的传承方式，推动村落文化的创造性与创新性转化。多元化的传承方式是推动传统村落文化传承创新的重要途径。通过线上与线下相结合的多元化文化传承方式，利用线上形式宣传非遗的视频、音频与文本，发挥传统媒体与新兴媒体的整合优势，增强非遗传播的互动性。除此之外，还可以定期举办一些民俗文化艺术节，对于社火、拉花、晋剧等传统村落的民俗类国家级非物质文化遗产，通过非遗视频观看与学习非遗传承人现场动态，使大众能近距离接触到"非遗"，感受非遗的艺术魅力。

（4）在传统村落承载能力的基础上，开展传统村落产业及文化活化。产业及文化活化是指传统村落文化传承、创新、发展的原动力。

第一，拓展传统农业产业链，这是传统村落产业活化的关键点。通过现代消费模式，将绿色生态与村落传统文化相结合，积极发展休闲旅游与文化乡村生态景观等旅游模式，同时发展新型农业形态，提高农产品的附加值，推动村落活力的恢复与发展。

第二，具有深厚文化底蕴、历史风貌独具特色、自然环境清新怡人、建筑群落保存完好的传统村落具有极高的旅游开发价值，要发挥旅游的经济作用，促进村落文化的经济价值转化，推动传统村落文化活化。值得注意的是，在村落文化与旅游产业的融合过程中，要遵循可持续发展与绿色发展的理念，具体问题具体分析，避免出现盲目开发、过度开发、仓促开发的现象，最大限度地减少对村落的破坏。同时，要积极建设旅游区与保护区的分离模式，对于村落保护区内的重点文物单位，要遵循只保护不开发的原则；对于一般民居建筑，要坚持有限度的进行转化利用的原则，设置与村落景观相协调的旅游设施，满足大众旅游需求。

　　传统村落的保护与利用，既需要各学科领域专业学者的理论研究，也需要各级政府和民众的积极参与，需要各界的共同努力和合作。乡村在时代变迁中有着其自然的发展轨迹，无法阻挡，我们要做的就是提供自己有限的现实经验与能力来引导它生长得更好。传统村落文化景观的可持续发展研究是一个长期的课题，也是一项综合性极强的工作，未来的研究需要生态学、地理学等更多学科领域在理论层面对其进行深入探索、广泛地研究；而在现实的传统村落景观再生设计实践中，还需要不断地总结和创新，并小心而谨慎地进行。笔者希望通过个人的研究成果，能够为传统村落文化景观的保护与开发相关工作提供可参考的理论和实践价值，以期更多的学者关注和参与到传统村落景观再生设计的研究中，为传统村落景观的可持续发展共同努力。

第三节　传统村落景观再生设计的相关概念界定

一、传统村落

　　在中国，传统村落又称古村落，是指村落形成较早，拥有较丰富的文化与自然资源，具有一定的历史、文化、科学、艺术、经济、社会价值，应予以保护的村落。传统村落中蕴藏着丰富的历史信息和文化景观，是中国农耕文明留下的最大遗产。在国外，传统村落被翻译为"traditional villages"。

　　2012年9月，经传统村落保护和发展专家委员会第一次会议决定，将习惯称谓"古村落"改为"传统村落"，以突出其文明价值及传承的意义。冯骥才先生曾在《人民日报》撰文特别指出，传统村落既不是物质文化遗产又不完全是非物质文化遗产，它是两种遗产的结合，是中国非物质文化遗产最后的堡垒，是中华民族根性的文化。

随着城镇化的快速发展，我国的传统村落在建设过程中面临着生存和发展的困境，越来越多的传统村落正在逐渐衰败甚至消失，而有幸保留下来的传统村落也存在文化流失，导致传统空间越来越不具有地域特征。党的十九大提出实施乡村振兴战略，提出了产业兴旺、生态宜居、乡风文明、治理有效、生活富裕的总要求，保护传统古村落就是落实这个重大战略部署的一项重要工作。2012～2020年，为了促进传统村落的保护和发展，住房和城乡建设部先后开展了五次中国传统村落概况的摸底调查，将6819个村落纳入了中国传统村落名录。传统村落具有脆弱性，一经破坏就难以修复，国内外学者对其保护进行了广泛讨论和深入研究[1]。从这以后，"传统村落"正式成为学术界的专业用语。传统聚落包含城镇和村落，在许多文献中，"聚落"和"村落"概念定义比较模糊，其实在某些方面具有相同的含义，彼此之间可以相互转换。本书旨在研究乡村聚落，即村落。城市聚落不在研究讨论范畴内。

二、景观再生设计

景观再生设计不是空洞的概念，而需要一定的载体。景观再生设计的载体可分为两个部分：一是景观的人文性，即景观发展、变迁的历史及文化脉络的形成；二是景观的视觉性，即景观元素所呈现的形式。就传统村落而言，景观的人文性主要包括村庄历史、村庄变迁史、村庄传统文化积淀、传统习俗等；景观的视觉性主要包括村庄的地形地貌、水系、道路建筑形式、公共活动空间形制、村口空间等生产性景观及生活性景观。简而言之，传统村落景观设计的内容包括文化基因再生、生态环境再生、景观形态再生、聚落空间再生、艺术传承再生。

景观再生设计的策略，根据设计主题不同而各异。传统村落的景观再生设计的原则一定要彰显地域文化性、注重生态效益性、突出空间延续性、优化艺术融入性、把控整体有机性。由此总结出设计策略：功能更新，引领村落活力复兴；空间重塑，完善村落景观格局；生态修复，优化村落景观环境；艺术融入，增强村落艺术气质；意境再生，赋予村落场所精神。

---

[1] 刘章露，钟海燕，赵小敏，等：《基于三生空间协调的传统村落保护与发展研究——以江西省余江区霞山村为例》，江西农业大学学报，2021,43（2）:469-478。

三、景观信息链

基于英国历史地理学家达比（Darby）的"景观连续断面复原"理论和美国学者凯文·林奇的城市意向构成要素理论，刘沛林教授在山西临县碛口古镇传统民居规划项目中提出了文化遗产地保护与文化旅游地规划的"景观信息链"理论。其内涵可以概括为一个目标、两种途径、三个要素❶。"一个目标"是指理论应用目的，即把一个地区的文化景观进行系统挖掘和整理，将特色的文化景观信息进行筛选和提炼，并且通过景观再现和不同组合的方式表现出来，以达到科学文化保护和开发的目的。"两种途径"是构建景观信息链的主要方法：①考察一个地区不同历史时期的文化记忆，提炼出特色的文化景观信息，再利用这些信息进行地区文化景观的恢复和重建；②构建完整的景观信息廊道，以此来凸显和强化该地区与其他地区不同的景观形象。"三个要素"是指景观信息元、景观信息点和景观信息廊道，这三个要素构成了景观信息链的重要组成部分。景观信息元是影响并控制景观形成与发展的各种自然因子和文化因子；景观信息点也可称为景观节点，是具体的物化和外在表现；景观信息廊道是景观点按一定秩序组合而成的。文化景观相关的研究是"景观信息链"理论形成的重要基础之一，而此种理论和研究方法为传统村落文化景观特征研究提供一种崭新的视角，具有广泛的应用价值。基于此种理论的指导，本书将从景观信息链的视角和微观层面对桂北传统村落文化景观进行归类和梳理。

四、乡村美学

西方哲学家的共同观点是，美可研究且理性分析其本质，从以柏拉图、康德为代表的哲学家角度来看，乡村美不等同快感，是非功利的，从以博克为代表的哲学家角度来看，审美者有共通的情感——引起爱，获得愉悦和精神松弛。从以杨辛、甘霖为代表的中国哲学家角度来看，乡村美学是专研美、美感和艺术美的科学，乡村美学要分类讨论，如自然美、社会美、艺术美。

乡村美学产生于东晋时期，以陶渊明的山水田园诗代表，也有学者认为只

---

❶ 刘沛林：《"景观信息链"理论及其在文化旅游地规划中的运用》，经济地理，2008,28（6）：1035-1039。

有在东晋时期，乡村田园生活才真正被作为审美对象而关注。❶在我看来，乡村美学并不是一种高深的文化，它更像是对于地域文化的一种强调和升华。在乡村振兴战略的引导下，乡村美学的建设正是为了避免乡村"空洞化"与"同质化"两种性质的存在。所谓"空洞化"和"同质化"，即欠缺美感的建筑与景观建设，和与本地文化地域特色并不融合的千村一面。

我们好像都有这么一种情结，在城市找不到的东西都要回农村去寻找，如"年"的味道，在农村，我们可以享受来自家乡淳朴的年味：吃水饺、放花灯、成群结队去串门等。居家云办公成为未来生活模式的一种可能，因此有不少风景园林学者开始研究乡村生活模式。如何使我们的乡村发挥其资源的最大化？如何让传统村落成为高附加值的文旅产品？必然离不开美学经济，只有通过美学，通过设计，才能让我们的绿水青山变为金山银山。

正如河南焦作修武县根据"绿水青山就是金山银山"的理念，运用美学设计进行乡村建设规划，通过美学符号打造产业品牌，利用美学项目带动周边经济的发展，从原来只被人所知的云台山到现在的修武县，仅用4年的时间，探索出了属于修武的美学应用模式。

修武县实现现在的美学经济模式，主要克服了三个方面的困难：一是在人们固有思维观念方式中改变，传统观念中，人们只是注重建筑的实用性和便利性，而我们要做的就是向村民传输利用美学可以培养孩子们的美育，使我们的村落兼具美感和功能；二是向人们传达出前期美学的投资可以获得后期更大的利润，而这既需要一点一点实践来达到预期效果，也需要大量时间；三是关于美学项目不能只是出现在单一项目中，而是要更加系统地考虑，确保每个作品都有其独特的核心吸引力。

五、文化空间

"文化空间"是传统村落再生设计中的一个重要概念。通过对传统村落文化空间的分析，认识文化空间的价值与特征，有助于传统村落再生设计工作的开展与进行。

1997年召开的联合国教科文组织在成员国大会上正式通过决议，接受非物

---

❶ 魏小雨：《城市化背景下乡村美学的意义建构——评郭昭第〈乡村美学：基于陇东南乡俗的人类学调查及美学阐释〉》，天水师范学院学报，2019,39（5）:111-114。

质文化遗产概念中所提及的"文化空间"的表述，这是对"文化空间"时间上最早的使用。

文化空间来源于人类学概念。《人类口头和非物质文化遗产代表作申报书编写指南》中指出，人类口头和非物质文化遗产代表的是一种表现于有规可循的文化表现形式，或一种文化空间，该空间既可以是活动的集中地域，也可以是具有周期性或事件性的特定时间，它是文化活动的传统表现场所。非物质文化遗产是在特定的文化空间内定期举行民俗活动，这种民俗活动形式会随着社会环境的改变而更新，这是我国官方第一次给出文化空间的概念。

文化空间的多样性是这个区域构成的特殊形象与符号，承载着该区域居民的价值取向、思想观念、文化认同等表现形式。文化空间是社会群体共同创造的产物，在特定的文化空间中包含的艺术与文化形式之间存在着非常紧密的联系，因此在认识文化空间的过程中，我们应该从整体出发，进行科学合理的分析与理解。

六、人文景观要素

（一）物质层面

1. 历史文化景观

历史文化景观是指具有一定历史价值与文物保护价值的景观或者建筑物。在传统村落中的历史文化景观是指曾经发生过知名事件的区域或具有一定文物保护价值的建筑，如名人故居、传统祠堂、寺庙楼宇等。在传统村落再生设计项目中，对这些历史文化景观要积极给予相应的保护与修复，与当地传统村落特色相结合，通过相关产业的开发，帮助传统村落再生与发展。

2. 乡土文化景观

与历史文化景观相比，乡土文化景观更加偏向生活化，其更能凸显传统村落景观的地域特色风貌，展示出当地的人文景观特色，满足当地民众的精神需求，是当地民众的情感归属。在传统村落中，古色古香的宅院、街巷的青砖瓦片、枝繁叶茂的古树、古树下小小的土地庙，以及只有逢年过节才用得上的戏台都是乡土文化景观。长期以来，人们对这些景观产生的记忆与情感，需要经过缜密、细致、充分考虑之后，才能决定这些乡土文化景观的去留与再生形式。

3. 生活文化景观

生活文化景观是当地村民人际交往的主要载体与媒介，主要是指传统村落中的人们在闲暇时间用以聚集休闲的公共空间，它发挥着承载与延续当地文化生活的作用，对当地文化景观发挥着非常重要的作用。生活文化景观的再生过程应充分保证其色彩、形态及材质在视觉与使用方面的感受，要与村落整体风格保持统一。

（二）非物质层面

1. 传统民俗生活与内涵

传统民俗是传统村落非物质层面中的最具有代表性的人文景观，是村民社会精神生活具象化的表现与传达，是研究传统村落人文景观中的一项重要因素，也是村落再生发展的重要切入点。例如，建房奠基、迎新庆典、婚丧嫁娶、金榜题名、开张剪彩，都是对传统村落社会精神文化内涵的展现。其中，优秀的传统民俗需要得到相应的保护、宣传、传承与发展。

2. 非物质文化遗产

非物质文化遗产是传统村落居民在数年生产生活中凝练出的智慧成果，是传统村落再生发展的关键宣传点。应在传统村落的人文景观要素考查中，加以合理运用并大力进行宣传。

3. 村落生活气氛

传统村落中居民的关系与邻里之间的关系相似，但又不止于此。由于传统村落中的居民生活在同一个区域，大多数村民具有共同的血脉，属于同一个宗族，因此村落中居民的人际关系是非常紧密的。这种紧密的联系就有助于传统村落公共关系的和谐发展，有助于村落人文景观的呈现。

4. 村民精神面貌

如果说传统民俗是村落人文景观的重要表现，那么村民的精神面貌就是当地人文景观延续与诞生的根基。村民对村落的责任感、归属感、自豪感等都是传统村落生存与发展的重要力量。

综上所述，如果我国大量的村子都能够实现乡愁的保护，能够实现在地域文脉的保护，能够体现乡村生活方式和理念的现代化，让乡村的老百姓成为我国最亮丽的名片，乡村的孩子都能成为最好的自己，为国家、为人类做出更大贡献时，这就是中国乡村振兴的美好愿景。

第四节　传统村落景观再生设计的基本理论

一、再生理论

"再生"（regeneration）这个概念最先是应用在生物学上，形容生命有机体的一部分损坏、脱落或者截除之后，在剩余部分的基础上又生长出与损坏、脱落或截除部分在形态与功能上相同的结构，这一修复过程称为再生。

20世纪70年代，澳大利亚编制了关于建筑遗产保护的《巴拉宪章》阐释了"改造性再利用"的概念，即对某一建筑或场所进行内部空间调整或创新设计，使其能够承载新的功能。随后，关于建筑改造再利用的制度化探索也在世界上多个国家展开。"再生"这个生物学概念逐渐被引入建筑学、规划学、设计学、景观学等领域，用以研究旧城区、历史街道、旧工业建筑、传统民居以及城市景观、乡土景观、废弃地景观、历史文化景观获得"新生"的设计方法，主要概括为建筑再生和景观再生两个层面的研究。随着研究深度及广度的不断深入，再生设计的研究范围扩大到对传统村落的研究，以期实现传统村落的全面复兴。

在传统村落景观研究中，"再生设计"是在基于原生基础上的一种修复与创新并行的设计概念。再生的关键和重点是让日渐边缘化、零散化、空洞化的传统村落遗产及其民俗文化以恰当的功能策划和设计，使之在保持传统的同时又能与当代社会生活相融合。再生村落文化景观不但是物质层面的复原与更新，而且包括对非物质层面传统民族文化的复兴。对传统村落文化遗产来说，保护是最基本的前提，只有再生和复兴才是最终目的。

二、有机更新理论

有机更新理论的雏形源于苏格兰生物学家、规划师盖迪斯在19世纪末针对城市病等问题提出要将城市变成一个活的有机体，强调人和环境的关系是决定城市发展和变化的动力。

20世纪中叶以后，围绕"有机更新"的研究已逐渐由生物学领域渗入和扩展到社会学、建筑学、规划学领域。城市规划师道萨迪亚斯认为，在城市建设过程中需要将"动态城市结构"和"静态细胞"（指建筑）结合起来进行规划。霍华德在《明日——真正改革的和平之路》一书中指出，应该建设一种兼具城市和乡村优点的理想城市。他把这种城市称为田园城市。芬兰籍美国建筑师沙里宁在20世纪初针对大城市过分膨胀的现象，提出了有机疏散理论，他将城市比拟成人类，认为城市也是一种有机体，在城市改造中，研究城市就如同研究生物和人体一样，认为城市是由许多"细胞"构成❶。有机更新理论强调城市和自然界的有机结合，试图通过建立一种健康的有序的有机发展模式，用以改造旧城市和建设新城市。吴良镛认为，"有机更新"是将城市看作一整体，充分考虑到居民的感受，采用适应当地居民生活的城市尺度，保持原有的城市肌理，注重居住环境的改善，使每一片地区都得到整体发展，达到有机更新的目的。吴良镛先生对于城市发展所阐释的"有机更新"理论同样适用于乡村各景观要素之间的有机更新❷。综上所述，传统建筑符号作为村落整体建筑更新的肌理及景观形态表达，需要充分考虑场所精神及经济因素，采用适应当地居民生活的建筑构造及空间尺度，保持原有的建筑肌理，注重居住空间的改善，使每一片建筑群体和谐共处，整体发展。虽然以建筑符号作为有机更新理论研究主体，但更新的过程是有机性的，也就是说上升到不同层面或范围领域的更新时需要具体问题具体分析。例如，上升到村落更新发展层面时，应该注重连续的、渐进的自然更新，如果生命体的更新一般，突变和变异是在其中更新过程中需要加以检验和严肃对待的事情。

三、共生、共享理论

共生理念是1878年由德国生物学家A.deBary提出，用于指代不同种类的生物体共同生活在一起的现象或相互关系。生物学家按照共生关系对参与其中的生命有机体是有害或是有益，将共生分为三种基本类型：共栖、互利共生和

---

❶ 雷楠：《张家桐美丽乡村规划》，北京，清华大学，2014：15-20。

❷ 陈晓茜：《基于有机更新理论的新型城镇化路径研究——以温州市周壤镇为例》，上海，上海师范大学，2022。

寄生。20世纪中叶以后，围绕"共生"的研究已逐渐由生物学领域渗入和扩展到社会学、管理学、哲学领域，被许多学者从不同角度进行过阐释，"多元并存""同体共生""异类同生""共生共荣"等概念相继提出。在规划和建筑学领域，日本的黑川纪章结合佛教思想与生物学共生理论提出了共生思想，为城市建设从机械时代向生命时代的跃迁建立了理论基础，主张城市功能形成细胞状相互依存的关系。

共享，即共同分享。生态文明建设则是统筹推进"五位一体"总体布局的重要组成部分，在城市规划中，要构建生态资源共享、生态文化共享、生态成果共享、生态责任共享的服务于人民群众的生态环境体系、要让全体人民在城市与生态共建共享发展中享有更多幸福感、获得感。

根据上述理论，从城市角度来解读城市共生与城市共享两个层面。

（1）城市共生发展分为两个阶段：第一个阶段为初级融合阶段，只强调将城市与周围的自然、生态环境进行统一规划，探讨的是如何减少对自然资源的破坏，这个阶段更多地强调城市建成区与区域自然的关系；第二个阶段是城市与自然的共生共融，城市与生态的结合将探讨如何将生态引入城市内部改善城市环境，强调人与自然的和谐共处。

（2）广义的城市共享是指将自然环境与城市整合为一个和谐并存的有机体系，城市享有优质的生态空间，而自然通过城市绿地得以延伸。

无论是城市还是乡村，面对共生与共享两大主题词，两者拥有同样的发展"步伐"。对乡村而言，乡村共生发展同样分为两个阶段：第一个阶段为"征服自然"、改造自然，只强调建设用地布局、土地利用绩效，探讨的是如何适度利用自然进行相关产业发展；第二个阶段是乡村与自然的共生共融，乡村与生态的结合将探讨如何促进城乡协同发展，缩小城乡差距，加快生态文明建设，强调人与自然的和谐共处。广义的"共享乡村"是指乡村人居环境规划背景下，将自然的生态环境与朴素的乡村商业体整合为一个和谐并存的有机共同体，乡村满足了村民、游客等各类型人群居住及其服务功能的各种诉求的同时，并传承地域文化脉络，而自然环境也相应地恢复了其本身生态规律和生态适应性。

总的来说，借助共生、共享理念，这里所阐释的是指乡村自然环境及区位景观生态格局背景下，在开发与利用自然的过程中围绕村域、村落、农宅等生态环境空间层级而形成的人与生态共生、共享的人居环境再生理论措施。

四、重构理论

重构理论（reconstructive theory）是时间记忆理论的一种，由美国心理学家 J.R. 安德森和鲍尔等人于 1978 年提出。他们认为记忆是伴随特定的项目存储有关环境和内部状态信息的，在要求其判断项目呈现时间时，它们就会回忆并检索这些背景信息，以此启发他们的有关时间模式来做出判断。相关研究表明，当记忆个人事件或新闻事件时，人们利用有关社会、自然以及自己的时间模式和少数被记住精确日期的突出事件来对这些事件进行重构，时间结构越多，时间判断就越准确❶。乡村文化既是中国人真实的生活空间，也是中华文化的想象家园。它充盈着家长里短、集市社火热闹氛围，承载着人们儿时的精神寄托，凝聚着中华文明传承者的同情共感。基于当今乡村文化振兴的浪潮，文化传承及更新的过程其实就是在空间场景和记忆结构上再现中国"田园生活"的重构过程。换言之，重构的过程亦是文化基因再生的过程："重构"力图从可见的空间形态和人们头脑中的典型乡村记忆入手，建立乡村生活与人们文化想象之间的关联性，将乡村景观的建设更新既放在实体空间中，又置入文化想象中。重构理论的应用与文化基因再生目标的实现是在文化传承及更新问题上所提出的解决方案❷。乡村景观建设中的传统地域文化形象，对生活于此的村民而言是"想象中的家园"，对访客而言是"想象中的异邦"。

总而言之，以乡村传统文化元素"重构"的当代技术、商业和社会关系，实现了传统空间内涵与当代空间功能的贯通融合，是中国当代大多数乡村景观建设时的最主要特征，是设计师们达成文化传承与更新的必由之路。

五、拼贴城市理论

柯林·罗通过引用"poche"的概念，用来描述城市建筑夹在不同的城市元素之间而成为一个"城市边角料"，从而提出了城市的复杂性，而复杂性的形成源自城市的"拼贴"，源自"一种根据肌理引入实体或者根据肌理产生实体的方法"。在柯林·罗看来，与建筑围合空间的传统城市相比，现代城市的问题就在于最为实体的建筑不再具备其围合空间的能力，这就是他提出的"实体的危机"与"肌理的困境"的关系。换言之，传统城市属于"肌理的城市"，

---

❶ 林崇德,杨治良,黄希庭：《〈心理学大辞典〉前言》,心理科学,2004（5）:1154。
❷ 聂影：《乡村景观重构与乡村文化更新》,创意与设计,2019（6）:12-24。

而现代城市则更多地表现为实体的城市。所以，在某种程度上，《拼贴城市》探讨了基于城市层面上的复杂性与矛盾性；从某种意义上讲，城市"拼贴"的过程就是城市复杂化的过程❶。由此可见，乡村聚落发展同样面临"实体的危机"与"肌理的困境"两大问题。就"实体的危机"而言，广大乡村地区因发展滞后、条件有限、村民认识不足等原因，传统的乡村建筑遭到了不同程度的破坏。加之全球化的发展、西方文化的不断渗透，许多乡村出现盲目跟风行为，摒弃了中国乡村传统建筑，兴建西式洋房，形成"千村一面"的不和谐风貌。就"肌理的困境"而言，统一而丰富的聚落空间形态转向机械和单调，居住景观倾向于城市化而丧失了乡村特征，缺乏交往活动场所导致村落公共空间功能及界面单一化，乡村聚落整体空间结构的当代发展已经脱离了生产生活实际。

从聚落的整体空间要素构成方面来看，主要包括聚落范围内的道路、地块、建筑以及影响村落居住环境质量的村内绿化、水系、防护林等乡土景观要素，建筑单体作为核心要素，既是展现乡村聚落空间形态特征最直观、最有效的载体，也是聚落整体空间的基本单元和重要组成部分。这里探讨的核心要素是道路、地块、建筑和水系，这四大核心要素在村落长期历史演化过程中形成一定的空间秩序，在一定程度上反映乡村聚落的社会文化特征和气候适应性❷。总的来说，通过研究"城市拼贴"所阐释的问题观点，延伸到乡村发展中，基于乡土特色的乡村聚落空间环境的构成体系，在传承原有聚落空间形态的同时，注重人文资源的实体延续，关注聚落自然资源的肌理保养，完善乡村聚落空间提升从宏观到微观的再生理论框架体系。

六、艺术乡建理论

艺术乡建是21世纪中国当代艺术与乡村振兴事业的高频热词。在"社会主义新农村建设"和"美丽乡村"创建活动的积极推动下，艺术家、建筑师、村民、地方政府、企业、志愿者倾力投入其中，新思路和新模式层出不穷，艺术乡建探讨的内容也逐渐多元化，涉及社会学、乡村经济振兴、乡村文化复兴等各个角度。

在艺术乡建方面，日本越后妻有大地艺术祭是当今一场具有典范意义的社

---

❶　王群：《柯林·罗与"拼贴城市"理论》，时代建筑,2005（1）:120-123。
❷　林琳：《当代粤西乡村聚落空间环境提升研究》，广州，华南理工大学,2018。

会实验，展示了"公共艺术复兴乡村"的可能性。自 2000 年首届艺术节开幕至今，日本越后妻有吸引了越来越多的游客。2015 年，日本第六届越后妻有大地艺术节带动了周边 110 个村落参与，经济效应达 50 亿日元。

在乡村振兴建设背景下，探讨如何发挥艺术扮演这一重要角色，如何将乡村艺术不断传承与再生。基于此问题，从精神与物质两个层面提出解决方案：

（1）从精神层面出发发挥艺术角色——借助艺术形态重建人与人、人与自然、人与祖先、人与神圣世界的关联。艺术介入乡村的实践，焦点不是艺术本身，也无关审美范畴，而是通过恢复乡村的礼俗秩序和伦理精神，激发普通人的主体性和参与感，延续中国人内心深处的敬畏和温暖。

（2）从物质层面出发传承并再生艺术——通过把建筑—景观—整村营造作为乡村建设策略；文创项目落地乡村，开发乡村特色，开展一系列艺术活动；举办乡村艺术生态夏令营计划等一系列措施，培育新的经济增长点。

总而言之，借助艺术的观念、设计思维、设计方法、设计文化，让村民行动起来、参与进来，是艺术乡建的重要意义所在❶。

七、可持续发展理论

生态环境领域是可持续发展理念的来源。人们最先是通过生态的可持续性质来定义可持续发展理念，重视维护与加强生态系统的更新和生产能力。之后，人们又从经济属性、科技属性、社会属性三个层面对可持续性发展内在含义进行了解与认识。1992 年，联合国环境与发展大会报告中对可持续性发展进行的定义是当前世界接受程度最高的定义，即在满足当代人的需求时也不能损害后代人满足需求的发展。

可持续发展需要一个比较稳定的经济增长环境，同时协调自然和人类之间的关系，兼顾资源、环境的承受水平，在开发利用资源的过程中，不可以盲目地追求当下的消费与发展，要照顾后代的利益，实现同代人之间、代际之间的公平发展。可持续发展理论要求社会公平、经济稳定以及生态的和谐发展，换句话说，可持续发展的三个基本的属性就是经济、生态与社会的可持续性发展。

---

❶ 王佩：《乡村振兴背景下的"艺术乡建"策略研究》，第十六届沈阳科学学术年会论文集（经管社科）.[出版者不详],2019:587-589。

可持续性发展的过程是动态的，这一过程的不同环节所表现出的强度与程度也各不相同。佩吉以这种假设为前提，提出可持续发展的强度理论。

如今，国内外都积极关注可持续性发展概念的相关研究活动，相关学者根据可持续性发展概念，站在不同的层面与角度，对传统村落可持续发展展开较为深入的探索和研究。对村落可持续发展的定义，其中两个最具有代表性：①不仅可以对人们在社会、经济、审美方面的需要进行满足，还可以保持村落生态与文化的完整性；②传统古村落的可持续发展有助于增加与维持发展机会。在我国的传统村落再生工作的挖掘、规划、经营方面融入可持续性发展理念，有利于我国传统村落的发展与稳定。传统村落的可持续发展在满足人们需求的同时，要重视对资源的利用方式，要坚持循环利用、节约利用，杜绝为谋取短期利益损害生态的现象，维护村落与地区之间的稳定发展，要科学合理地对传统村落景观资源进行挖掘，坚持走可持续性发展的道路。

以生态的可持续性发展的基本原则为依据，需要把生态体系的生物多样性、演化发展、生态资源的保护与传统村落的再生发展相互协调，达成一致。社会文化的可持续发展原则要求人们，积极增强与维持社区个性，其价值观、文化与乡村旅游的发展相互一致。经济的可持续性发展要求通过传统村落再生发展工作获得的资源与经济效益可以得到高效的利用与管理，为后代造福。

保护村落、居民、环境之间的平衡关系是传统村落可持续性发展的基本目标。为了这一目标，经营者需要对传统村落再生发展有可能产生的影响进行充分的了解与认识，利用一些管理方法把其产生的负面影响降低到最小的程度，鼓励社会企业的发展，为村落居民提供就业机会，尊重社会文化与环境的特色。

防止村落遗产被过度开采，积极保护其真实性与地方性是传统村落可持续性发展的前提。乡村遗产表现出的地方性就是乡村旅游发展的动力来源，然而村落遗产在村落再生发展中比较容易受到不良的影响。因此，商业化的再生发展与保护村落遗产之间表现出一定的矛盾，它需要村落利益相关者共同商讨与参与，以找到合理妥善的解决方法。

第二章　传统村落景观再生设计的
　　　　可行性分析

第一节 有助于中华优秀传统文化的传承与发展

传统村落是我国农耕文明中形成的璀璨遗珠，其中蕴含的文化景观与历史信息是极为庞大丰富的。当代的村落文化研究可能会出现两个趋势：一是站在宏观的角度，分区域、有目的、有计划地对传统村落文化进行整体的分析与考量；二是站在文化学的视角对中国村落文化展开调查工作。所以，我们不仅要从宏观层面上对传统村落文化进行分类管理研究，还应将文化文学视角下地方文化的发展趋势作为传统村落研究的重点。

我国是一个传统的农业大国，数千年悠久、丰富、深厚的农耕文化孕育了中华民族优秀多彩的传统文化。我们一定要坚定文化自信，积极推动中华优秀传统文化的创新性发展与创造性转变，积极发展社会主义先进文化，不断提高我国的文化软实力，增强中华文化的影响力，不断推动中华文化铸就新的辉煌，推动中国走向更大的世界舞台。中华传统文化的根基就在具有深远历史的传统村落文化之中，中国文化以乡村为本，以乡村为根，所以中国文化发展的原动力就在村落之中。

在时代先民长期的农耕生活之中，形成了独具特色、丰富文化、历史悠久的村落共同体，展现出一幅幅美轮美奂、异彩纷呈、多姿多彩的乡村田园生活的历史画卷。村落是农村民居开展农耕生产与生活的基本单元，我国千千万万个村落是传承与发展乡村文化的重要载体，是中华优秀传统文化的本源，是传承创新中华文化的重要载体。特别是那些具有悠久发展历史，拥有极为丰富的物质与非物质文化遗产资源的传统村落，成为继承与发展中华优秀传统文化的基石。

中华传统文化的两大关节就在于"心性"与"治平"两个词语。假如我们将传统建筑中的壁画艺术作为中华传统文化的一个侧面进行分析，那么通过这个侧面，我们是可以见微知著的。

心性之学指的是人格陶冶与人生修养两个方面。治平之学指的是治国平天下之为，是构建在人与人、人与社会以及人与国家之间的。从修身到齐家再到治国与平天下，是中华传统文化中的重要意义。因此，传统村落中以教化与劝诱为目的的人物故事就可以纳入"治平"的范畴；而将传统村落中蕴含文人意趣的松竹梅兰与吟月弄花壁画以及充满浪漫气息的建筑形态纳入"心性"的范畴。这既是传统村落建筑中壁画题材和艺术情趣之间的区别，也是传统村落居民的情感释放与精神指向。

由此可知，在传统村落壁画中"心性"重于"治平"；传统村落文化中"治平"重于"心性"。因此，传统村落建筑壁画中所呈现的题材与内容是通过线条色彩与笔墨语言的艺术手法表达的，诠释的却是中华优秀传统文化的核心价值观。

在传统村落以及传统村落文化的孕育中，成就了一代代的学子，如曾国藩、王夫之、左宗棠、魏源等，他们都是在传统村落中成长，受传统村落文化的熏陶，并成为优秀人才的。

由一村至一地，由一地到一省，由一省到一国。我国传统村落不仅蕴含着中华优秀传统文化的精神内核，也是中华传统文化中"修身、治国、平天下"这一人文理想最为根本与基础的文化依托。正是不同时期与不同阶段中传统村落的居民，通过一代代人的努力与付出，使中华优秀传统文化得以不断地继承、创新、发展，为我国传统社会乃至现代社会的国家民族的文化精神与社会品质提供了强大的支持力。

传统村落这一区域蕴含着深厚的民族与地域文化，具有突出的特色风格，其信息极为厚重。要想了解传统村落这一宝藏，就必须积极探索，积极学习，专心研究，利用文化人类学、历史人类学、民族学、艺术学、经济学、建筑学等多学科交叉的理论、技术与方法，从多个角度、多个层面、多个维度，对传统村落进行整体的分析与系统的研究。

对传统村落文化进行全面的探索与有效的保护，既是当前我国文化继承发展的要求，也是我国社会转型与新农村建设中必须面对的课题。文化要繁荣，经济要发展，首先就需要保护好本民族的文化，以传统文化的继承为发展基础。

在这种形势下，尽可能地保存、抢救、记录传统村落遗物，将村头田边的文化遗存纳入学术研究的殿堂，升华为中华民族的珍贵遗产和华夏文明的重要构成。

党的二十大报告中，多次提到"文化"一词，强调要推进文化自信自强，铸就社会主义文化新辉煌。同时，指出要将马克思主义基本原理同中国具体实践相结合，同中华优秀传统文化相结合。要加强对优秀传统文化的传承与保护，推动乡村振兴，繁荣发展文化事业与文化产业，提高国家软实力。加强对传统村落景观的保护，开展传统村落景观再生工作是彰显文化自信与传承发展中华优秀传统文化的重要途径。因此，为了适应新时代社会发展新趋势，以及有效解决人民日益增长的美好生活需求，必须要树立高度的文化自信与文化自觉，传承中华优秀传统文化，加强文化软实力建设。

第二节　有助于彰显中华民族独有的艺术魅力

一、有助于突出中华民族文化多样性与独特性

传统村落能集中体现某一地区的历史文化风貌、村庄变迁、传统文化、民俗风情、地方特色等方面的景观信息，体现出非常鲜明的地域特色。

在我国，传统村落具有地域性和民族性的双重特征，不同地域的自然物产资源与气候条件，往往决定着不同地域适宜人居的建筑形制；而不同的民族村落建筑，又折射出不同民族的文化精神与审美情趣。

例如，我国陕北窑洞。陕北是华夏文明的发祥之地，陕北的黄土高坡沟壑雄奇、苍凉而贫瘠，在与大自然的残酷搏斗中，造就了豪放粗犷的人群，也诞生了极具特色的"黄土建筑"——窑洞。在这片土地上，自从有了人，便有了窑洞。这些窑洞正是华夏子孙繁衍、生息、创造灿烂文化的地方。陕北窑洞主要是适应黄土高原的地质、地貌、气候等自然条件下产生的特色建筑。充分利用黄土高原土层厚实、地下水位低的特点，并依山势开凿出来。由于黄土本身具有直立不塌的性质，而拱顶的承重能力又比平顶要好，因此窑洞一般都是采取拱顶的方式来保证了其稳固性，这种建筑形式与当地自然环境完美融合在一起，体现出陕北建筑的浑厚与沧桑。窑洞选择了黄土高原，黄土高原选择了人，人也选择了窑洞。这种"天人合一"的自然辩证法则，似乎隐藏着不可言

破的玄机❶。再如，菏泽地区是山东省具有耀眼文明的地区之一，这里孕育着独特又富有生机的自然环境，先民们在这里创造了众多的别具一格的传统村落景观。这些传统村落因地制宜，有的靠水而居，有的随山就势，形成了具有独特风情的传统村落。当今社会经济与科技的发展与城市化速度的加快，对传统村落景观产生了重要的影响。因此，对菏泽传统村落景观再生的探索是至关重要的，不仅有助于展现菏泽地区的文化特色，还有助于展现中华民族独有的艺术魅力。

对中国传统村落文化进行有效保护和全面深入研究，既是当前我国文化传承、文化繁荣和发展的需求，也是我国处于社会转型期、城市化、城镇化和新农村建设进程中必须直面的课题。文化要繁荣，但必须先呵护和守护好自己的民族文化，要守住文化的"根"。文化需要创新，但应以传统文化为基础，以传统文化的传承为先决条件。一个民族自身的文化传统，是不能出现断层的。

二、传统村落彰显中华营造智慧

站在文化的角度上看，建筑不仅是物质空间，还是精神上的载体，传统建筑就是典型代表。以阴阳五行为内核的哲学观，意蕴深厚的伦理观，重视生理体验的美学观，都赋予了传统建筑极强的生机与活力，反映出中华民族生生不息、源远流长的发展历程。

传统建筑在传统村落中尤为丰富，其不仅是传统文化的重要载体，还是中华民族探索自然、认识自然与自然和谐共处的历史展现。透过各种传统建筑的外在风格与表现形式，可以对传统建筑的建造依据、美学追求与精神内核进行深入探索与分析，这是深层次领悟博大精深的传统村落文化的重要步骤。只有对传统村落中建筑丰富的精神内涵进行研究与探索，才能使传统村落建筑在内容与形式的统一中升华出精神魅力，才能使其成为承载民族智慧与中华艺术魅力的典型符号。

（一）传统建筑的哲学意蕴

我国古代并没有"哲学"一词，但是我国宇宙万物运行规律的思考与探索却由来已久。《周易·系辞上》说道："形而上者谓之道，形而下者谓之器"，

---

❶ 猫花花：《黄土高坡的名片——陕北窑洞》，（2015-12-19）[2022-11-02].https://bbs.zol.com.cn/dcbbs/d34699_38756.html。

这就说明我们的祖先在很早就有了对"道"与"器"的认识与研究，形成了认识事物的基本方法与基本立场，其中的阴阳理论是对事物本质的有利揭示，五行分类则是对事物形态的基本认识。阴阳五行是中华民族最早的方法论与世界观，在人们生活的方方面面都有所体现。时至今日，我们也可以在传统村落建筑中找到中华哲学的一些认知表现。

（1）传统村落的选址。在过去，不管是一个城镇的建设，还是一个村庄的落地，"依山傍水"几乎是传统建造活动都必须坚守的原则。在古代，山属于"阳"，水属于"阴"，前者可以藏风纳气，后者有助于滋养万株。有山水环绕的地方自然是休养生息的好地方，也是建造村落的首选。由此可见，古老的阴阳哲学，为中华祖先的选址提供了借鉴价值与参考依据。

（2）传统村落建筑的搭建。《周礼·考工记》中记载："方九里，旁三门"，即在建造房屋时要四面合围。比如，北京四合院就是四面合围的典型代表。四面合围也成了中原地区最具有代表性的建筑形式。这种建筑形式的形成与发展固然有技术与材料方面的支撑，但也存在中华民族精神信念的元素。在中华哲学中，"金、木、水、火、土"五种物质是世间万物的组成元素，被称为"五行"。在五行文化中，金是指西方，木是指东方，火是指南方，水是指北方，而土是指四面合围之处。这就可以理解为，土为居中之地，四周有金、木、水、火的保护，可以满足人们在安全、温饱、生存等方面的心理与生理需求。由此可见，四面合围作为传统村落建筑的基本形式，与五行学说存在着密切的联系。

（3）传统村落建筑的封顶，封顶也标志着建筑主体的成形。在我国传统村落建筑中，屋顶的造型非常丰富，如西北的碉房与西南的碉楼多用平顶，东北、华北与江浙地区多用三角造型，而中原地区则多用"人"字形屋顶。其中"人"字形屋顶与古人"天人合一"的观念存在一定的联系，古代哲学认为，人只有受到天地的保护，汇通天、地、人三道，才能有所发展。"人"字形屋顶，上指晴天，下俯大地，是天人相通哲学的典型表现。

总而言之，传统村落建筑从选址到建造再到屋顶造型，都存在一定的规律，这种规律深入人心，体现着一定的哲学思想。

（二）传统村落建筑中的美学追求

中华民族的爱美之心表现为追求自然性、务实性、艺术性的特征，这在我国传统村落建筑中留下了深刻的烙印。

1. 自然性

自然性主要表现在人与自然的和谐相处中。形成于黄河、长江流域的中华文明认为大自然是人类的母亲，大自然孕育万物，给予万物生存发展的空间与资源，带有浓重的现实色彩。这种审美心理促使中国形成了独特的营造传统。

2. 务实性

务实性是指在审美过程中注重人的生理体验。中华祖先将人的生理感受作为审美的前提，在建筑中体现得尤为明显。例如，云贵高原的蘑菇房与吊脚楼、陕西的窑洞、东北的马架子等村落传统建筑，均被人们认为是依据当地自然环境建造出来的民居，但却没有说出其经久不衰、发展至今的心理原因，即身处于这些民居中的舒适、坚固与安全之感。只有身处于这些建筑之中，才能体会到中华民族的建筑智慧，才能理解当地居民为何能如此长久地使用这些建筑。

3. 艺术性

艺术是人们生活水平达到一定高度时的产物，可以反映出一个民族或地区的人们的审美特征。大约三千年前，东、西方共同进入了"轴心文明"时期，也形成了各自的审美风尚。东方老子提出"人法地，地法天，天法道，道法自然"的观点，西方柏拉图提出最好的美来自"神灵的凭附"。东西方各不相同的审美差异产生了风格相异的美学实践，表现在空间塑造上，即古希腊时期的帕特农神庙是供奉神灵的圣地，而出土于陕西岐山与扶风的西周合院式遗址则是实实在在人居住的地方。

由此可见，中华民族务实、朴素、追求艺术与尊重自然的传统都在传统村落建筑景观中展现了出来，也最终展现了中华民族独有的艺术魅力。

三、传统村落是中华民族信仰的发源地

作为中华民族的子孙，我们有着统一的信仰，即对天地的尊重与敬畏。这个信仰并不意味着对天地的迷信与膜拜，而是古人在对天地理性认识的基础上产生的。这个信仰不是一个概念范畴，而是真实存在于传统村落生产、生活与建筑等方方面面。笔者这里谈的传统村落再生设计是一个非常现代的概念，但是古代传统村落的建设却并不是这样。古代的村落不是让活着的人单纯地享受

村落，而是与天地、祖宗共同共生的地方。在天地信仰作用下，乡村坚持"天地君亲师"这一顺序进行乡村空间资源的分配。天地享有村落中风水最好的空间，然后是祖宗，其次是用于教育与学习的书院，最后才是居住的村民。因此，我国古代的村落并不是单纯的田园乡村，而是由寺庙、祠堂、书院、学堂、田园等诸多空间构建的综合体。正是在这种理念下，诞生了具有极高文化历史价值的村落文明遗产。

第三节　有助于社会经济活力和社会文化的释放

一、有助于社会经济活力的提升

传统村落中的具有典型历史文化价值的民居建筑、鼓楼、风雨桥、戏台等物质文化遗产，是我国宝贵的物质财富，为城市设计和人居环境的建造提供了良好的借鉴。我国传统村落的保护与再生是理论性与时间性兼具的工作，强调的是科学合理地传承和利用各类历史文化信息的真实遗存。村落文化景观的保护与开发利用不是对立的，保护就是为了更好地利用。

我国是一个发展中国家，传统村落的发展离不开经济活动的影响，传统村落的保护与发展同样需要从经济角度加以理性地看待。随着文化旅游的日渐兴盛，传统村落旅游成为游客的向往之地，大众文化消费趋势已逐渐形成。乡村旅游的开展，在一定程度上分流了城市人流量，减轻城市游客拥挤的压力。因此，传统聚落景观空间的营造具有必要性和重要意义，在保持文化原真性的同时又要满足现代生活的使用功能。通过对中华历史文化景观内涵的科学解读，能够更好地把握其核心特征，挖掘其文化原真性，促进文化景观的科学保护与传承，使文化空间实现合理的再生产，从而促进文化景观适当地转变为旅游产品，充分发挥传统聚落景观的经济效益和社会文化效益。

站在结果的角度上讲，传统村落的再生设计与地方经济发展的目的是一样的，即可以提高村民的经济收入水平，引领村民走向富裕的道路。为了达到这一目标，需要两者的共同努力。通过传统村落的再生发展，改变村落收入的主要来源，为村落经济发展提供新的发展方向。随着农村经济的不断发展，使村落本身的产业结构产生了一系列的变化，如村民对村落发展有了全新的认识、基础设施的不断优化与完善、生态环境质量的不断提升。传统村落的再生发展可以作为一种新型的经济发展形式，如将传统村落与旅游产业相结合，不管是在再生发展的角度上说，还是在经济效益的角度上说，村落与旅游产业的结合都有助于当地经济活力的释放。传统村落的再生发展，有助于将村落中的独特魅力展现出来，在很大程度上促进了传统村落经济收入水平的提升。在传统村落再生作用下，村落的精神文明也将迎来进一步的提升与发展，为传统村落提供了新的发展动力与发展生机。

（一）传统村落再生有助于转变对当地的经济发展方式

在我国长期传统农耕文明背景下，村民受到"耕读"文化价值观引导，注重农业耕作，讲究"读书考官，光宗耀祖"。进入工业文明之后，城市生产力迅速发展，工业产品和农产品之间不断拉开的价格"剪刀差"，农业生产占总产业比重不断降低。因此，如今面对乡村发展，特别是传统村落景观的再生，需要思考其内在经济发展动力和再生的活力。积极培育具有自身特色的产业经济活力，成为当今保护和传承传统村落的重要命题。一方面，传统村落本身具有的历史、文化内涵和地方传统特色风貌的古旧建筑群及其反映的村落空间天、地、人合一思想的"风水"特色，可以成为当今古村落旅游产业发展的重要基础，以此带动旅游纪念品、当地特色农副产品、农家乐餐饮和民宿等一系列衍生经济类型；另一方面，传统村落应当及时调整原有乡镇工业的产业类型，特别是对于生态环境有着污染的乡镇、村办企业，应当下定决心予以调整甚至关闭。同时，夯实乡村经济发展的基础地位，提倡因地制宜，发挥乡村产业多样性，重视农村社区资金援助，以实现乡村经济发展的可持续性。

传统村落再生工作的开展有助于增加当地居民的收入，改变当地生态与生活环境，改善当地居民的生活态度与生活方式。通过传统村落的再生工作，有助于提高当地居民对其居住村落文化与经济价值的认识，这样有助于打破城乡之间的结构差异，缩小城乡之间的素质与经济收入差距，推动城乡之间进行友好的沟通与交流。

目前，我国已经进入了城市支持农村与工业反哺农业的发展阶段，传统村落的再生发展有助于推动社会主义新农村建设。现阶段，我国农村比例较大，人口基数较大，传统村落的再生发展可以为当地村民提供更多的就业机会，提高村民的收入，促进农村经济的发展。例如，推动村落大力发展乡村生态旅游产业，通过旅游产业的建设，有助于村落社会效益的提升与发展，并且为村落提供了现代科学技术，使我国的传统村落走上社会主义现代化农村的发展道路。

传统村落景观的再生建设并不是一项短期项目，而是一项长期发展的工作。在这一过程中，涉及的项目众多，需要做好科学合理的统筹规划。例如，在传统村落与旅游产业融合发展的过程中，涉及当地自然生态环境利益与村落居民的经济利益，因此建设一套合理的村落生态化旅游管理体系，以推进村落与旅游产业的发展。

除此之外，传统村落景观的再生发展有助于村落产业结构的改造与调整。我国大部分村落以种植业为主要的产业，很少有第三产业的参与，因此我们需要积极调整传统村落的产业结构，而传统村落景观的再生就是调整村落产业结构的重要推动力，也是重要的发展途径。比如，传统村落中的手工艺与文化行业的发展，就有助于带动当地资金流通、信息流通、技术流通，优化当地的投资结构，增加招商引资的吸引力。因此，传统村落景观的再生发展能够改善当地的经济发展方式，优化当地的产业结构，释放当地的社会经济活力。

（二）传统村落再生是地方经济发展的新引擎

《吕氏春秋》中说道："竭泽而渔，岂不获得，而明年无鱼；焚薮而田，岂不获得，而明年无兽。"竭泽而渔与焚薮而田固然可以在短时间内获得巨大收益，但是却难以保障未来的发展状态。传统村落的再生发展亦是如此。传统村落是乡情民愁的重要寄托，承载着中华民族几千年的历史文化，对传统村落保护与再生的重要性不言而喻，但是由于传统村落本身具备的文化属性，对其进行直接的保护与再生并不能带来比较直观的短期经济效益。所以，一部分传统村落在经济发展的过程中逐渐消失。这也让我们认识到传统村落保护与再生工作的紧迫与重要，政府、社会、人们要积极保护村落，推动传统村落再生。

传统村落的保护与再生工作是创业增收与经济增长的新引擎。传统村落既是文化资源，也是经济资源，只要我们进行合理地保护、开发与发展，传统村落也能发挥一定的经济效益。例如西塘，当地政府西塘建设发展的过程中，坚持保护文化与合理追求 GDP 的发展理念，不仅传承了民俗文化，而且适度开发旅游业，推动当地经济的发展。除此之外，传统村落的保护与再生还是打造地方名片的新载体。传统村落是历史文化的重要载体，通过合理的开发，可以将传统村落打造为地方的新名片。例如，乌镇的保护与再生项目，当地政府积极对乌镇历史建筑进行修复，不断优化基础设施建设，推动传统村落文化与现代生活之间的交融，将乌镇打造成为城市文化的新品牌，促进了当地名气的提升与发展，将乌镇这个小镇推向了世界舞台。所以，传统村落的保护与再生，有助于提高当地的经济收入，是促进当地经济增长的新动力。

1. 扩大内需

传统村落的再生有助于扩大内需，提高村民收入，促进当地经济增长。近年来，我国经济增长主要依靠投资需求，实际上，促进消费需求的增长也有助于推动经济发展。因此，可以通过传统村落再生这一工作项目，将人口集中在一起，形成集聚与规模优势，形成大的消费需求。提高村民的消费需求的关键点就在于提高村民的收入。传统村落的再生，要求村落积极转变自身经济发展形式，去寻找新的发展道路，经济与其他产业进行融合。因此，在村落再生的过程中就会产生很多的就业机会，既有助于村民增加自身收入，也有助于消费需求的扩大，最终促进社会经济活力的释放。

2. 推动再生资源行业转型

传统村落的再生与发展，开展农村环境服务，有助于推动再生资源行业的转型。再生资源回收利用是供销合作社的主营业务，但是随着污染物排放标准的颁布与新环保法的实行，对再生资源行业的发展提出了更高的要求标准，这也意味着供销合作社要加快再生资源行业的升级与转型，而传统村落的再生与发展就是推进再生资源行业转型升级的有效途径。

3. 助力传统农业的复兴

传统村落与传统农业之间存在着高度紧密的联系，传统村落的再生有助于推动传统智慧农业的复兴与发展。我们应重新认识当代中国的农业现代化之路，不能走西方式的化学化、转基因、石油式的高能耗、高污染的农业现代化。中国传统农业是中华文明之根，即使在工业化的今天，以农为本也不能变。生态文明时代需要新现代化农业，这个新现代化农业是有机生态农业。长期以来，一直以工业经济的思维，把中国传统农业定义为小农经济。小农经济就是以西方经济学的规模大小来评价这种经济方式的先进与落后。这种评价标准是有问题的。其实，中国八九千年的农业是小而美、小而精、小而多样化的智慧农业，也是一种充分利用自然之力的低成本的有机农业。我们今天从工业化高度分工的思维，认为农业就是单纯搞粮食生产，但其实，中国的农耕经济支撑的是一个复杂的文明与文化体系。

二、有助于社会文化的发展

社会文化是指由基层群众创造的，与大众生产生活存在密切联系的，具有鲜明群体、民族、地域特征的各种文化活动与文化现象。

村落文化景观的保护工作不仅包括物质层面，也包含建造技艺、民间歌舞和传统艺术等非物质文化层面。英国社会人类学家马林诺夫斯基指出"文化是包括一套工具及一套风俗"，即文化景观是物质文化景观与非物质文化景观的复合体。中国传统村落中蕴藏着丰富的文化价值，是地域文化和精神的重要承载，彰显地方文化的独特性、丰富性和多元性。传统村落景观的保护与发展不仅可以使历史文化得以传承，还可以延续传统的建筑特色与地域文化。

传统村落创造了丰富的非物质文化遗产，如陕西咸阳市泾阳县保留的一处古村落已正式列入国家级非物质文化遗产名录，其中关中皮影已列入世界级非物质文化遗产项目，可见其文化价值之重大。非遗文化既是一种社会意识形态，又是一种历史悠久的文化遗产。民俗文化的集体性增强了民族的认同感，强化了民族精神。因此，保护和传承非物质文化景观，在构建地域人文精神、带动地方经济发展、促进地方文化建设方面都发挥着重要的作用，如陕西咸阳市泾阳县古村落（图2-1、图2-2）。

图 2-1　陕西咸阳市泾阳县古村落 1

（图片来源：作者自摄）

图 2-2　陕西咸阳市泾阳县古村落 2

（图片来源：作者自摄）

第四节 有助于传统村落景观中的生态文化的呈现

西方国家的理论研究系统将生态环境领域中的理论应用于传统村落再生设计中，以推动传统村落建筑、文化精神、经济形式的多重融合与发展。"城乡一体化理念"是当代建筑学者道萨迪亚斯提出的人类聚居学思想与英国学生霍华德提出的田园城市圈层结构的核心思想，他们提倡将"一切最生动活泼的城市生活优点、愉快的乡村环境有机巧妙地融合在一起"，使居民与自然生态环境更为接近。英国科学家格迪斯在《进化中的城市——城市规划与城市研究导论》一书中运用社会学、哲学与生态学交叉的学术理论，在空间与时间两个维度上，对聚落空间与生态学两者之间的内在联系进行分析与探索。

菏泽传统村落景观依然遵循着传统的自然生态观念，重视传统村落建筑中独特的乡土性、差异性与民族性，以及运用"道法自然""人与自然和谐相处"等朴素的传统生态观。

一、菏泽传统村落中的原生态特性

（一）层次性

传统村落生态文化具有其特有的层次性，可以从四个层面进行阐述，即物质表层、形式浅层、体制中层与观念深层。

1. 物质表层

传统村落景观生态文化的物质表层是指村落承载的生态文化内涵的物质实体，如传统村落生态建筑、绿色建筑材料、绿色食品等，这类物质实体通过人类感官对人类的行为与思维模式进行影响，它们通过生产、交换、消费等环节，传播其承载的生态文化内涵。

2. 形式浅层

传统村落景观生态文化的物质表层之后就是形式浅层，即传统村落景观承载的生态文化内涵的形式与过程。传统村落景观在物质表层提供了建筑、农产品、植被等物质，在形式浅层也有效地传播着其蕴含的环保与生态理念。在我国传统村落再生发展的过程中，村落以不同的形式传播自身蕴含的生态文化内涵，唤醒人们的生态文化意识。例如，休闲旅游活动、村落生态文化节庆活动、蕴含生态文化理念的媒体宣传活动等，通过不断对自身生态文化内涵的传播，提高居民对居住地的依赖感与亲切感，构建人与自然和平、健康、绿色发展的局面。

3. 体制中层

传统村落生态文化的体制中层是指国家、地区、经济实体等为了保护村落生态环境以及弘扬生态文化而制定的具有约束性质的各类政策、法规、条文以及相应的管理机制与机构，用规范大众的行为，保护传统村落景观的生态文化。

4. 观念深层

传统村落生态文化的观念深层就是对其生态文化行为理念与价值观的体现以及受这种理念与价值观念所支配的行为方式。抽象的准则、观念、心理状态与被支配的具体行为方式存在紧密的联系。因此，传统村落景观生态文化的传播与发展，必须要引导当地村民的行为理念、价值观念、心理状态以及规范准则进行改变。

（二）整体性

虽然传统村落生态文化展现出一定的层次性，但生态文化的四个特性并不是独立存在的，它们之间存在着紧密的联系。整体性是传统村落生态文化的重要特征之一，指的是村落与社会的人文环境以及村民大众的道德意识，如果村落与社会的人文环境与村民大众的道德意识都对村落生态文化给予高度肯定，就说明村落生态文化观念已经植入人心，成为一种主流文化。

（三）传承性

传统村落生态文化的核心是人与自然的和谐共处，在传统村落这个系统中，"人""自然""村落"都是多样化的，这种多样化具体表现为地域多样性、人本多样性与时序多样性。

1.地域多样性

由于各个地域的地质结构、季节气候与地理环境存在一定的差异，因此各个地区的传统村落生态文化表现出一定的多样性，不同地域的村民为了更好地生存下去，与自然建立和谐健康的关系，从而使村落的生态文化展现出极为丰富的地域多样性。

2.人本多样性

一方水土养一方人，不同区域与不同民族之间存在着经济与思想的差异，这就决定了其传统村落生态文化的多样性，这种因人们在不同文化、经济、地域上形成的村落生态文化，就是传统村落生态文化的人本多样性。

3.时序多样性

随着人们生活水平的提高，社会经济的发展，也会对传统村落生态文化产生一定的影响，使传统村落在不同时段表现出不同的生态文化，这就是传统村落生态文化的时序多样性。也就是说，不同时代或阶段的传统村落生态文化，表现出不同的外延与内涵，这是基于两个方面的原因：①不同生产力的发展水平是传统村落生态文化发展的前提与基础，传统村落生态文化必须考虑当地居民的生存发展的需求；②人们对自然的认知水平决定了传统村落生态文化的外延与内涵。

（四）多样性

传统村落生态文化表现出一定的传承性，这一特性也体现出文化所具备的传承性。人类为了生存与发展，将自己获得的经验与知识不断进行积累与提炼，传授给其后辈，从而展现出文化的传承性。

传统村落生态文化是人们的独有财富，传递着积极的价值观念，传统村落生态文化的发展与崛起，也意味着传统村落景观的保护与发展，是传统村落景观再生的必然选择。

二、生态营建环境智慧的当代价值

传统村落景观的本身是综合协同的，是极具民族性与地域性的传统聚落空间，是具有生命活力的建筑成果，继承与发展了中国村落人民的生命延续过程与社会生活的部分文化。

寻找传统村落景观中自然、建筑与人之间的规律，认识村落中蕴含的对自然与生命的敬重，分析人类与自然和谐统一的关系。由此可知，人类必须坚持共同发展、共同进步、健康和谐的道路，才能够促进传统村落的可持续发展，这一理论倾向于生态、文化与传统村落相结合的产物，充分展现出了生态营造智慧的当代价值。观念的转变是生态营造环境的本质，将传统村落景观中的自然生态思想进行整合，改变当今传统村落人居空间环境建设中的精神思想与价值取向，在传统村落再生保护的工作过程中要坚持保护环境、尊重自然、敬畏生命的价值观念，提高自身思想水平与思想觉悟，与主流价值体系相接。

美国建筑大师赖特提出了"有机建筑理念"，其提倡敬畏生命、崇尚自然、保护环境，强调要赋予建筑以自然意义，将建筑与自然相融合。当前，传统村落景观的再生工作需要坚持自然和谐共生的基本原则，需要生态观念的指导，在进行再生规划的设计前期，要提前进行充分的考察与调研工作，进行整体布局，在维持生态平衡与尊重自然的前提下，最大限度地挖掘当地的特色，营造适宜绿色的传统村落景观。

重视生态选择与生态营建，是顺应发展的选择结果。生态发展的态势表明，生态系统历经时间的选择与推进，通过传统村落景观营建顺应生态发展而保持文化发展的内在动力。注重环境生态的营建是传统村落景观文化与自然生态环境两者相互影响与相互制衡的结果，重申自然生态之间的协调交互发展的重要性，构建适合传统村落景观建筑客体与文化主体再生和发展的价值体系。因此，生态学营建下的传统村落景观应该加强对应用生态学理念与发展规律的重视，塑造健康、绿色、可持续发展的再生系统，趋近生态与文化之间的良性转化，走向人、自然、社会的和谐发展。

第三章 以袁家村为例分析传统村落的演变

第一节 袁家村景观历史演变

一、村落历史与文化

（一）历史

袁家村地处陕西关中平原腹地，坐落于唐太宗李世民昭陵九嵕山下，有多条省国道途经周边，也有唐昭陵及关中旅游环线等可以到达，交通甚是发达。袁家村周边旅游景点和文物古迹众多，并且与十三朝古都——西安毗邻而居，因而其历史文化极为深厚。但"地无三尺平，沙石到处见"才是当年袁家村的实际面貌，土地贫瘠，经济落后。近年来，在村干部带领下袁家村的经济发展迅猛，成为陕西省经济发展楷模。

自 2001 年以来，乡村旅游项目上升趋势明显，袁家村便在 2007 年变身成了一个体验关中民俗的旅游基地，投资 1 500 万元，占地 110 亩。其中，包括唐宝宁寺、村史博物馆和关中特色小吃特产一条街等多个旅游观赏和体验项目，成为陕西省内有名的乡村旅游基地，为村里带来了经济收入，也深受游客喜爱，同时解决了周边农户的就业问题。

（二）文化

（1）关中文化。从这一角度来分析，袁家村位于关中平原之地，主要以关中文化底蕴为其文化发展核心。由此可见，关中文化对中国文化传承以及袁家村品牌构建都是不可或缺的。关中有"中华文明摇篮"之美称，旧石器时代早期的蓝田人与大荔人文化也是起源于此地。此外，此地既是新石器时代仰韶文化与北方农耕文化之典型，也是半坡文化之典型。关中之地如同广袤的宝地，我国最早原始农业、农耕、建筑、文字皆发祥于此。其不仅是华夏文明之始，更是我国古代文化的重要发源地。汉唐时期，关中之地盛世辉煌，到了明清时期，虽盛极而衰，但在政治中心转移的环境背景下，关中处于烦扰之外，不仅有着极其稳定的社会秩序，其传统的关中生活模式也未曾被破坏与改变。

（2）物质文化。从这一层面来分析，袁家村地处关中物质文化之地，其民俗风情极具特殊性，这一民俗又可被称为"关中八大怪"。这一体现主要蕴含在关中人民衣、食、住、行及婚嫁传统等独特性方面。其不仅历史悠久，更是秦人生动趣事的重要体现。其"怪"字无论是从关中地区自然经济还是从其文化传承方面，都极具特殊性文化符号，其更是袁家村与其他民俗村最大的差别和区分之处❶。关中之地，其极具审美与文化价值的民间艺术极为丰富多彩。不仅包括节日花馍与高于宅院前的拴马桩，还包括彩绘泥塑与后台吼唱皮影戏，更包括著名的台前吼唱秦腔以及色彩鲜明的马勺等。在进行地域品牌建设过程中将相关民俗文化特色融入其内，不仅可实现其地域文化底蕴特色，更是对历史文化艺术进行更好的保护与传承，进而实现民俗艺术与民俗村品牌构建互为依托发展之重要目标。袁家村人民剧团石碑与张氏皮影如图3-1、图3-2所示。

图3-1　袁家村人民剧团石碑

（图片来源：作者自摄）

---

❶　李雨一：《袁家村景区导视系统设计研究》，西安，西安理工大学,2019：10。

图 3-2　袁家村张氏皮影

（图片来源：作者自摄）

（3）精神文化。从此角度来说，关中之地，一直有着华夏文明发祥地的美称。其更是著名的古代十三朝王朝古都。无论从政治角度还是从其他角度来看，无一不是极具交融性的中心位置。震古烁今的《周易》亦是关中学术文化的最早代表。无论是著名的先秦子学和汉代经学与史学，还是东汉初入中国的佛教等各种历史文化，无不为袁家村精神文化底蕴奠定了扎实、敦厚的文化基础。

二、村落布局结构与景观变迁

（一）布局结构

袁家村的整体用地布局表现出较为规整、紧凑的特征，主要用地通过几条纵横相交的道路进行划分，其中位于村落东、西两侧的两条呈南北走向的道路为袁家村主要的对外交通干道，西侧主干道两侧布有室外停车场；两条呈东西走向的道路将村落整体用地横向划分为三大部分，由北向南依次为关中印象体验地、农家乐区和关中古镇。与历史悠久的传统乡村聚有所不同，袁家村属于改造新建型乡村，因此整体用地布局受到较多的当代乡村规划影响，布局简洁、分区明确，各分区用地具有不同形式的横向或纵向展开方式，不同分区的用地之间通过水平方向和垂直方向的道路进行联系，如图3-3所示。

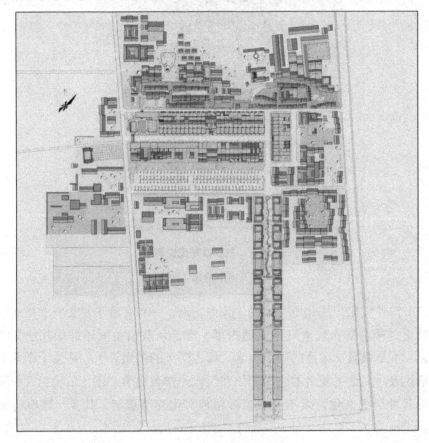

图 3-3　袁家村布局

（图片来源：作者自绘）

袁家村的整体空间结构表现为"两横三纵三大区"的主要特征，三大片区内部空间又各自具有主要的空间轴线，整体结构清晰明了、连续贯通。两条横向轴线依次划分出关中印象体验地、农家乐区、关中古镇，第一条横轴贯穿关中印象体验地与农家乐北区之间的主要道路，第二条横轴贯穿农家乐南区与关中古镇之间的主要道路；三条纵向轴线中，最西侧和最东侧的两条纵轴依次贯穿村落主要的对外交通空间，中间一条纵轴作为联结三大片区的空间线索。总体来看，两横轴与三纵轴之间相互交叉贯通，从而形成结构较为完整的"井"字形格局，这种结构方式不仅使乡村整体空间具有均衡、稳定的布局方式，而且使不同片区之间既有一定的独立性又有较好的连通性。此外，空间主轴线均保持着持续的生长发展状态，为后续的空间建设形成必要的控制与引导，如图 3-4 所示。

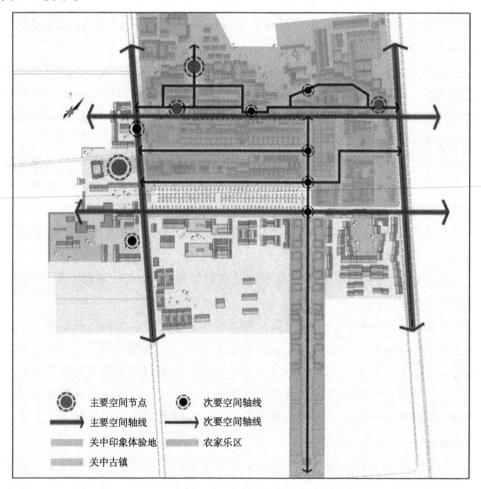

图 3-4　袁家村空间结构

（图片来源：作者自绘）

（二）产业空间格局历史性变化分析

2007 年 9 月，袁家村关中民俗体验地刚刚对外开放，那时的农家乐仅有两家。经过两年的时间，该村的企业总数达到了近 70 家。从这些业态的类别来看，主要是饮食和购物两类，其中农家乐就有 53 家。另外，袁家村为了能够将本地的特殊饮食文化更好地传播给游客们，袁家村作坊街和小吃一条街开始建设。

到 2010 年年底，袁家村已建成了康庄老街、农家乐街、作坊街、小吃街四条大规模的商业街，为其后期建设发展提供了源源不断的资金支持和游客保障。

2014 年，袁家村的企业总数超过了 210 家，比五年前增加了 140 多家，并且获评国家 4A 级旅游景区，提高了袁家村旅游业发展的市场知名度。从业态的分类来看，"食"要素业态的数量仍然是最多的；与"住"要素相关的企业总数也明显增加，由原本的不足 10 家增长到 70 多家；与购物和娱乐相关的企业总数也有了不同程度的增加。旅游产业的种类越来越繁多，各种业态也逐渐丰富起来，吃住行"一条龙"服务的旅游产业链条日益完善。另外，袁家村还新建了一条酒吧街和艺术长廊，目的就是满足各种类型游客们的消费需求。袁家村开始鼓励和引导村民对原有的民宿进行改造升级，提高服务质量和服务档次。

截至 2017 年，该村的旅游企业和公司总数在 2014 年的基础上翻了两番，超过了 800 家。

但是，从这些企业的类别来看，与饮食相关的企业总数仍然稳居第一，达到了近 500 家，与住宿相关的企业总数为 130 家，与购物和娱乐相关企业总数超过了 170 家。由此可见，经过这几年的发展，袁家村的旅游产业规模增长势头非常迅猛。由于该地品牌知名度不断提高，很多投资者都将投资目光放到了此地，纷纷进入袁家村进行旅游开发和投资，促使此地的旅游业发展又上了一个台阶。

另外，大型的游乐场、休闲吧、创意手工等新型旅游业态也不断进入袁家村，促使该地的旅游产业发展水平得到了进一步提升。由上述分析可知，袁家村的旅游产业发展大致可分为四个阶段，如表 3-1 所示。

表 3-1 袁家村旅游业四个发展阶段

发展阶段	建设内容	旅游产业范围	示意图
2007—2010	农家乐、康庄老街		
	作坊街、小吃街		
	艺术长廊、酒吧街		
2011—2014	农家乐升级改造、酒店客栈		
	关中古镇		

续表

发展阶段	建设内容	旅游产业范围	示意图
2015—2017	祠堂街		
	回民街		
	书院街		
2017 年至今	建设格局基本完成		

从袁家村的乡村旅游产业发展状况来看，由最初的只有两家农家乐的不成规模的旅游产业到开展关中民俗小吃一条街、关中古镇等，再到辐射周边东周、西周等九个村庄形成联合社区，袁家村在空间上已经形成了成规模的乡村旅游产业集群❶。

可以说，袁家村的乡村旅游产业空间发展经历了从单个旅游产业"点"状分布—旅游"热门"线路"线"状分布—整个袁家村发展旅游产业的"面"状布局—因为旅游需求溢出而与周边村落形成"带"状空间布局的发展过程。在此过程中，几乎所有的村民都参与了乡村旅游发展。

三、村落景观生态与保护策略

（一）景观生态

农村的绿化一般是由村落周边的农田，以及沿着道路两边布置的行道树逐渐向村内的公共绿化和村民院落中的绿化等，这些构成了村落的绿化系统。

1.村落外沿绿化空间

村落的外沿是周边农田，农田中的植物、农作物就是外沿绿化空间的构成。袁家村在村落规划的东面规划了农业观光园和樱桃园，这些农作物、果树都为村落的外沿绿化空间增色不少。

2.道路绿化

村落的街道是形成村落的骨架，道路绿化也是村落绿化的一种方式。但是仅在道路两旁栽种行道树，显得绿色景观单一，在种树的同时应该考虑多种树种的结合，展现丰富的绿色景观。

3.公共绿地

结合村落中的公共空间进行绿化规划。

4.庭院绿化

建筑院落在满足村民日常生活的同时，需要一定的绿化空间，由此可以在院落中种菜，这样才能体现出农家乐的特色。

---

❶ 高楠：《旅游型传统村落空间形态与居民幸福感关联研究——以党家村、袁家村典型村落为例》，西安，长安大学,2019：12。

充分利用村落的自然环境，并结合村落环境，营造出宜人的绿色景观系统。

5. 出入口景观

出入口是村落中有着强烈认同感的空间，入口除了标志性的塑造，加强入口的景观设计也是增强标志性的一种方式。袁家村的出、入口对于参观袁家村的游客而言，识别性强。对于其他村落而言，识别性强的出、入口也十分重要。

6. 水景体系

结合自然景观，在村落内部建造水系景观。袁家村中比较有特色的就是它的水景观，整个老街中道路旁有一条 30 厘米宽的明渠贯穿始终，流觞曲水，不仅为老街的环境增添了灵动感，也为参观的游客增添了不少生活情趣。

袁家村生态景观如图 3-5、图 3-6 所示。

图 3-5 村庄农田绿化

（图片来源：作者自摄）

图 3-6 村庄庭院绿化

（图片来源：作者自摄）

7. 景观小品

村民现代化生活的需要，广场上的休息设施、街巷的路灯、公共绿地的花坛、村口的标志牌等景观小品，应该结合其文化与趣味性的设计来满足其功能性，将刺绣的画样图案、造型和构图运用到小品设计中，在小品设计上体现哑柏风貌特色和文化特征，对村落景观起到画龙点睛的作用。

（二）保护策略

促进传统型乡村空间发展的主要策略有以下五个。

1. 保护与修复修补

对聚落空间形态较为完好的传统村落进行保护与修复修补，或适当复原已遭到破坏的空间，恢复空间系统的完整性与稳定性。

2. 整合与重构

对聚落空间结构已部分解体的传统村落进行整合与重构。将零散无序的空间组团进行适当的剔除、合并，控制聚落空间向外无序扩散的状态。

3. 空间与功能的置换

对尚有价值的已空、废的原有聚落中心进行空间与功能的置换，恢复中心空间活力，并以新的中心为基点向外辐射，对其他已废弃的空间节点进行重构。

4. 植入新的空间形式

在传统型乡村空间形态中适当植入新的空间形式，并保证整体空间结构的连贯性、自然过渡性，空间功能的互补性、完整性。

5. 建立新的传统村落

对于选择在异地重新建立新村的传统村落，应在新旧之间建立一定的空间联系，避免旧村被完全忽略而荒废。

促进现代型乡村空间发展的主要策略有以下五个。

1. 采用合适的空间尺度处理方式

应在现代型乡村空间营建中保留一定的传统乡村空间比例尺度关系，不应一味模仿城市空间的大规模、大尺度，尤其是对乡村公共开放空间的塑造，应采用亲切、自然的空间尺度处理方式。

2. 提高空间形式及使用功能的复合性

在现代型乡村空间的营建过程中，应注重提高空间形式及使用功能的复合性，避免单一的空间置换或功能叠加，保证新型乡村空间的多样与统一发展。

3. 适当保留传统型乡村空间

对于现代型乡村空间的处理方式，并非一味地"舍旧用新"，可适当保留传统型乡村空间的处理方式，也可以将传统形式与现代手法相结合，使乡村空间的本土性与地域性得以延续。

4. 控制建筑密度与高度

对现代型乡村居住社区的空间营造，应控制建筑密度与高度，建议多对传统的乡村合院式住宅进行更新改造，避免出现大量的城市居住区形态建筑。同时，对于公共活动场所的营造不能完全照搬城市居住区公共空间的形式，应多创造尺度亲切、类型丰富、手法自然的中小型公共空间场所，避免出现过多大尺度广场、大型中心花园等。

5. 挖掘乡村空间的主题与特色

应注重挖掘乡村空间的主题与特色，制定若干种不同类型的现代型乡村空间建设模式，并以试点的形式示范，而后引导各乡村根据自身情况选择、借鉴适合自己的建设模式,以此推动现代型乡村空间的良性发展。

四、村庄景观艺术融入与再生设计

传统村落的空间形成没有经过系统的设计,没有很强的人工印记,所以具有"野趣"。在建筑选材上本土材料应用比较多,如天然石材、木料。绿化也以乡土植物为主,充分利用家前屋后、庭院山墙、渠边等边角地带见缝插绿。这种特征也常常从乡村空间的生产生活设施中鲜明地体现出来,如民宿中置于一角的古老物件,以不同的形态勾勒出乡村田园画卷,以及院落里的藤架、草垛,具有肌理感的界面,道路边的磨盘、古井和古树等。由于这些乡村特质使游客感受到与城市空间不同的乡村风情,因此乡村空间的建设应该尽力突出乡村的特质,营造出不同于城市空间的乡土氛围。袁家村老式物件如图3-7所示。

在艺术长廊一条街上,有一手工布艺场,店铺外面右侧是用丙烯颜料作画一件国潮旗袍,蓝白相间造型准确,使游客不看牌匾便能知道店铺的主要功能所在,再加上一幅旗袍画,颇有艺术趣味。左侧是用老式物件进行装饰,体现了陕北民俗风味,如图3-8、图3-9所示。

图3-7 袁家村老式物件

(图片来源:作者自摄)

图 3-8 手工布艺场右图

（图片来源：作者自摄）

图 3-9 手工布艺场左图

（图片来源：作者自摄）

位于酒吧街上的英格兰酒吧（图 3-10），外观设计以店门为主要视觉中心，门面上是英国国旗的符号，突出了"英格兰"风情。屋顶上面吊着一串蓝色酒瓶，蓝色橙色冲撞交织在一起，又有一种莫名的协调感。在魔都馆（图 3-11）中，你可以尽情地享受各种乐器的音乐融合到一起，优美婉转。外观主要用尤克里里装饰窗边突出主题。艺术长廊如图 3–12 所示。

图 3–10　英格兰酒吧

（图片来源：作者自摄）

图 3–11　魔都馆

（图片来源：作者自摄）

图 3-12　艺术长廊

（图片来源：作者自摄）

　　美感的产生并非客观性，而是由个人感官之间的相互影响所构成。个人主观感受到某事物的特殊性，因而产生美学体验。那么独特性的来源是什么？其实，游客注重的不仅是商品本身，产品的更新度、包装，甚至名称都可能是提供消费者美好体验的艺术符号❶。因此，将艺术引入村落景观中，既可以提升游客的艺术审美能力，也可以带动产业经济发展，产生游客的促销行为。

　　本节主要介绍了袁家村的人文地理环境和历史沿革，并对袁家村的布局结构和历史景观变迁也做了相应的概述。通过对袁家村基本情况的整体了解，为本书的研究提供基础。袁家村新建的村落环境与上述内容的发展是分不开的，因此只有先明确了上述条件才能对袁家村的新农村建设有更深刻的认识。另外，分析了袁家村的景观生态方面并给出了相应的对策，通过艺术长廊的几家店铺分析了在袁家村景观再生设计中融入了艺术符号。

---

❶　张莹：《消费符号与空间：陕西袁家村民俗文化的美学体验》，西安，西北大学，2018：15。

第二节　袁家村景观元素结构分析

一、袁家村景观构成要素

（一）自然景观

袁家村位于礼泉县中东部，礼泉县地势西北高而东南低，呈阶梯状分布，分为山、塬、川三种地貌。北部属丘陵沟壑地区，内有五峰山（海拔 1 467 米）、九嵕山、朝阳山和方山等，走向由西向东，绵延 40 余里，占全县总面积的 34%。中部是黄土丘陵地区，海拔为 580 ～ 850 米，占全县总面积的 16%。南部属黄土台塬地区，海拔为 450 ～ 560 米，为川原平地，占全县总面积的 50%。县内主要河流有泾河、泔河，可利用的水面积 5 000 亩，水能资源 100 万千瓦，地下水补给量 1.2 亿立方米。北部山区土层深厚，海拔高，温差大，适合苹果种植，并有森林 4.1 万亩，天然草场 30 万亩；中部九嵕山系矿藏丰富，现已探明，石灰石储藏量达 10 亿立方米，大理石储藏量 100 万立方米，出于石灰岩底层的富锶矿泉水，天然纯净，具有很高的开发价值；南部平原土地肥沃，为宝鸡峡灌区，渠井双保险，灌溉方重要的商品粮食基地和设施农业基地。

中华民族在进行理想居住地选址的问题上，往往对自然环境的山水有着最基本的要求。袁家村地处平原地带，北依山峦起伏的九嵕山，植被茂盛、物产丰盈，显露出自然生命力的强大与旺盛，南临泔河。"凡立国都，非于大山之下，必于广川之上。高毋近阜而水用足，下毋近水而沟防省。"便是这个道理，由此可见，烟霞镇袁家村的选址正符合了我国古代对于人居环境的要求标准。

（二）人文景观

袁家村是古村的支系。古村源于唐代皇帝为其母亲建造的一座"古宁寺"，这座寺是唐昭陵近 200 座陪葬墓、30 万亩陵园区内唯一的一座古寺。据村里人讲中华人民共和国成立初期寺庙还在，被用作村中的学堂，庙前古槐亭亭如盖，晴日时站在西安城墙上便可远眺得见，只是后来寺庙就不存在了。如今村西有正在重修的宝宁寺，就是唐代天宝十年的皇家寺院。大概在 20 世纪 70 年代，古村应时势一分为四，分为上古村、下古村，其中下古村又分为西周、东周两村，另一个便是后来有名望的袁家村。

20 世纪 70 年代前，袁家村是当地的贫困村。全村 37 户人家，不足 200 口人，村民由于大部分是从河南、山东等地迁居而来。400 亩耕地都分布在弯曲不平的古河道上。"地无三尺平，沙石到处见"，是"跑水、跑土、跑肥"的贫瘠地。村民们大都居住在破旧、低矮的土坯房里，还有 15 户居住在低洼潮湿的地窑里。

在 20 世纪 70 年代后，在村党支部书记郭裕禄同志的带领下，袁家村大力发展集体经济，走共同致富的道路，很快成为全国农业战线上的一面旗帜。

20 世纪 70 年代率先办起了砖瓦厂、白灰厂、秦川养牛厂，摆脱了"土里刨食"的传统农家思想，为村子发展积累了启动资金。

20 世纪 80 年代办起了水泥厂、硅铁厂、海绵厂、水泥预制厂、秦始皇陵模拟地宫、工贸公司等企业，村经济跃上了快速发展的轨道。

20 世纪 90 年代组建集团公司，后改为投资公司，内引外联，发展外向型经济，逐步将当地经济融入西安经济圈，涉足房地产开发、旅游、影视业、药业、餐饮业、铁路联运和众多高科技开发领域。

进入 21 世纪以来，袁家村以建设社会主义新农村为契机，努力把当地经济融入大西安经济圈。2002 年投资 300 多万元，建设标准化养殖小区。2007 年投资 1 500 万元，建立了一座占地 110 亩，集娱乐、观光、休闲、餐饮于一体的关中印象体验地、村史馆、唐宝宁寺和 40 户农家乐，成为闻名遐迩的乡村旅游首选地，吸引了越来越多的国内外游客，旅游产品深受游客喜爱，实现了村经济的二次腾飞。2008 年，成功重组原礼泉县秦腔人民剧团，目前该剧团活跃在陕甘宁等地，成为当地农民文化生活的重要载体和平台。以下是袁家村在各行各业的发展成果展示，如图 3-13 ～图 3-17 所示。

图 3-13　影视基地

（图片来源：作者自摄）

图 3-14　大剧院

（图片来源：作者自摄）

图 3-15　村史馆

（图片来源：作者自摄）

图 3-16　农家乐

（图片来源：作者自摄）

图3-17　督军公馆

（图片来源：作者自摄）

二、袁家村村落空间形态

（一）村口空间

入口空间的设计不仅应考虑视觉的引导性与标志性，而且应汲取传统村落的入口空间的设计特点，着力突出该村落的主题特点。在引导游客进入村落的同时给游客留下最初的印象，并增强游客的归属感。可以在入口处设立高大的古树或者耸立的牌坊等标志物来提示空间的开始。古树名木作为村落入口，可以与一定规模的植物群组与景观小品组合，形成色彩醒目、层次丰富的生态景观体系，从而达到烘托入口空间的效果。入口空间作为村落的开始段，由于旅游功能的介入，入口处要考虑人流的积聚、车辆的汇集带来的对疏散广场、停车空间的需求，这类空间的尺度需求往往会与村落的尺度产生矛盾。这类空间功能形态的介入要考虑与该村落的肌理尺度相协调，尽量不要带有过多的城市气息，入口广场的尺度、铺地、景观的布置要有乡村特点。例如，将大尺度的空间用树木、景观构筑物来分隔，弱化它的尺度感，以创造宜人的空间。

　　袁家村的村口空间具有明显的标志性，正街农家乐入口是一座高大的牌楼，这座牌楼被设计成仿古建筑，上面雕梁画栋，色彩夺目，门楼的两边高高地悬挂着两盏巨大的红灯笼，牌楼的正上方书写了"袁家村"三个字，如图 3-18、图 3-19 所示。

图 3-18　农家乐正门入口

（图片来源：作者自摄）

图 3-19　袁家村东门

（图片来源：作者自摄）

民俗街的东、西入口分别是庙宇、门楼。东入口以门楼作为标志物，门楼长 11 米、宽 6.5 米，与两侧建筑共同围合了一个聚合空间。西入口的庙宇作为连接广场进入民俗街的缓冲地带，吸引着游客开始关中印象体验之旅，民间讲究财气不外泄，所以在民俗街的巷道入口建设了这座庙宇，这样的讲究具有一定的文化现实意义❶。两个标志性强的入口节点在民俗街的两头遥相呼应，串联成了一条游览主线。

（二）公共空间

在农村的日常生活中，人们在空闲时聚集活动最多的场所，才被称为公共空间。公共空间让人们有很强的归属感，人们聚集在此处停留、交谈，也可以称为黏滞性空间。在原始聚落里，水井旁的空间一般是人们交流信息的场所。打麦场、戏台、庙宇、祠堂是关中传统民居聚落中较为常见的几种公共空间形式。公共空间关系如图 3-20 所示。

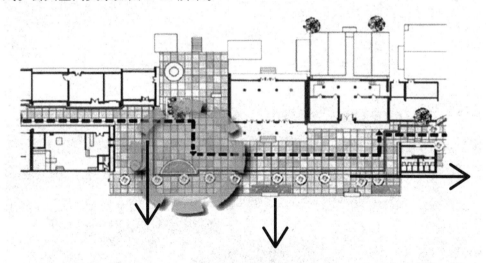

图 3-20　公共空间关系

（图片来源：作者自绘）

根据公共空间的功能和村民生活方式的不同，将村落公共空间分为休闲空间、街道空间和祭祀空间。

---

❶　王迪：《旅游产业导向下的乡村空间艺术创造研究——以礼泉袁家村为例》，西安，西安建筑科技大学，2015：23。

1. 茶楼广场

袁家村的茶楼广场承担了景观节点的功能，它是民俗街人流的集散地，是民俗街前段手工作坊区与后段小吃街区相连接的中间过渡区。广场分散布置着供游客品茶、交流、观瞻品评的藤质休闲桌椅，与周边其他空间没有明确的分界线，使整个空间具有开阔性，也使它具有了生理层面的"易进入性"，环境结构上具有高度的组织性。南北走向的一条具有高差变化的道路在此与横穿广场的民俗街相交；北侧分别是罗家书院、童济公茶楼；西侧为临弦板腔戏台，有民俗表演者在上面演绎民俗戏曲；南侧为开有漏窗围合整个广场的粉壁黛瓦的云墙，紧靠云墙处还设有趣味的景观小品，青砖制成的影壁立于墙前，前方摆放具有观赏价值的古木雕刻桌椅。这些元素都丰富着民俗广场空间，共同营造民俗广场特有的氛围与场所感。茶楼如图3-21～图3-23所示。

图 3-21 茶楼外景 1

（图片来源：作者自摄）

图 3-22 茶楼内景

（图片来源：作者自摄）

图 3-23 茶楼外景 2

（图片来源：作者自摄）

2.停车场生态设计

传统乡村村庄生活节奏慢，不需要严密的交通组织，村庄空间相对稳定。随着乡村旅游的发展，对乡村交通功能提出了新的诉求，无论是对旅游的交通组织还是车辆停放问题，都需要在规划中认真研究。现在自驾游的游客日益增多，需要的停车空间尺度也越来越大，其面貌也对乡村宁静氛围有一定的影响。所以在具体建设时，停车场的规模与尺度应该根据乡村的旅游发展计划，结合旅游地游客接待量以及用地因素等方面综合考虑。公共设施如图 3-24 ～图 3-26 所示。

图 3-24　停车场

（图片来源：作者自摄）

图 3-25　电动车充电站

（图片来源：作者自摄）

图 3-26　大巴停车点

（图片来源：作者自摄）

从乡村旅游的生态性要求来看，在村落改造中应结合环境建设生态停车场。首先，通过在停车场外围种植常绿的当地乡土树种及具有净化空气作用的植物围合成绿色围墙，使车辆藏匿于植物茂密的枝叶下，避免阳光照射，同时减少现代化产物对淳朴乡村风貌的影响。例如，袁家村的进柿（土）林生态停车场，以乡土植物柿子树作为车与车之间的隔离带，使车辆隐匿于树叶下，这样既能减少车辆噪声以及排放的废气污染，又能美化乡村环境。其次，停车场地在地面铺装上应选用植草砖、草坪砖等材料铺设，同时种植有较强固土和防侵蚀能力的草种，满足停车功能性与生态性的双重需求。最后，在村子主干路侧，设置大巴停车场，铺装主要是黑色沥青，并且每个车位前与水平向呈 45°，方便大巴停车的情况，两侧道路采用乡土大桥进行遮阴，达到了美化环境的效果。

3. 庙宇

关中人世代以农耕为主，属于典型的靠天吃饭。在封建社会，祈求老天的保佑是唯一的方式，渐渐地这种信仰也慢慢渗透到关中人们的生活中。在关中农村几乎每个村子都有自己的庙宇，如龙王庙、稷王庙、财神庙等，不尽相同。关帝庙位于袁家村民俗街西入口处，庙宇面积并不大，木质结构建筑古色古香，土黄色的墙壁映着灰色的瓦片，中间牌匾上刻着"袁家村关中印象体验地",吸引着游客开始关中印象体验之旅❶。庙内设一尊木雕佛像,已经被香火熏得红的红、黑的黑,斑斑驳驳,颇具历史的沧桑感。正对民俗街的庙墙中心以木雕龙纹装饰,与路人的视线形成对景关系。观音庙如图3-27所示。

图3-27 观音庙

(图片来源:作者自摄)

(三)道路与水系

1.道路铺装

村落道路系统作为联系各个区域组团的交通空间有着十分重要的作用,而围合道路系统的底界面对于村落空间的风貌也有一定的影响。铺地的材料除了车行道路采用水泥地面,其他的该类铺地设计宜采用当地生态、透水性良好的乡土材料铺设,如条石、鹅卵石、砂土等材料以体现乡土的特色,以创造一种较为亲切宜人的地方场所感。广场铺装主要以条石、青石板砖为主;旅游地内的游览观光小路则考虑碎石子、鹅卵石路或磨盘铺设;停车场则可考虑植草透水砖等材料来铺设;一些休息平台、路径也可考虑木板铺地。铺地图案应与材料与环境的意境相结合,可以当地具有地域特征的符号为元素设计,从而加深游客在游览过程中对于地域文化的感知。道路铺装如图3-28、图3-29所示。

---

❶ 王迪:《旅游产业导向下的乡村空间艺术创造研究——以礼泉袁家村为例》,西安,西安建筑科技大学,2015。

图 3-28　道路铺装 1

（图片来源：作者自摄）

图 3-29　道路铺装 2

（图片来源：作者自摄）

在地面铺设方面，袁家村展现的风格多样，既包括青石砖、鹅卵石等各式各样的一般性材料，也有井盖、石磨等具有乡土气息的材料，给人一种"置身于其中"的乡村地方场所感，体现了浓厚的乡土特色。值得注意的是，所有的台阶皆以青石砖铺成，放眼望去，古朴的步道与整个村落犹如一幅民俗风景画。地面由泥土、石块、砖块、木料等铺设而成，并以井盖、磨盘作为装饰，台阶全是以青石砖铺成，这些具有独特关中风味的元素材料都与建筑整体景观相协调。几种形式的地砖拼接在一起，瓦片砖、木条和方砖产生了一种韵律之美，如图 3-30、图 3-31 所示。

图 3-30　艺术长廊街道 1

（图片来源：作者自摄）

图 3-31　艺术长廊街道 2

（图片来源：作者自摄）

2. 水渠

袁家村将九山"烟霞洞"中的泉水引入村中，一村庄西北侧四合院中庭的涌泉为源头，通过 30 厘米宽的水池蜿蜒流淌至东南方向，呈线性分布在关中民俗体验地和特色小吃文化街以及酒吧文化街，由于地形的落差顺势自然形成了水域的竖向层次的变化，两侧或以绿植装点，或自然流淌，有效地串接了建筑广场空间，巧妙地将水景与地域文化相结合，水渠随着街巷的走势曲折蜿蜒，让游客在行进中感受到亲水的乐趣，如图 3-32 ～图 3-34 所示。

图 3-32　水渠 1

（图片来源：作者自摄）

图 3-33　水渠 2

（图片来源：作者自摄）

图 3-34　水渠 3

（图片来源：作者自摄）

（四）建筑形制

1.民居

袁家村传统民居建筑集中分布在正街农家乐、康庄老街和关中四合院内。基本上都是采用异地重建的方式形成，即收购关中地区自明清时期遗留保存下来的传统建筑，将其建筑原材料和建筑构件异地复原修造，较好地展示了关中民居的风格，体现出精湛的技艺水平。

袁家村目前以旅游业为主产业，其建筑按功能可大致划分为底商上住、关中四合院民居院落和商住结合三种类型。底商上住型主要位于袁家村正街农家乐区。村民在原宅基地按照规划统一修建两层住宅，底层作为商业，上层用于居住。关中四合院民居院落主要包括以碧山堂、左右客及初见等民宿为主的民居院落。其建筑平面采用典型的窄面阔、长进深的狭长独立院落形式，沿纵轴厅堂层层组织院落。商住结合型主要集中在关中印象体验地，即康庄老街两侧，关中民居风格，青砖灰瓦，各家店铺沿街巷依次进退。各地蜂拥而来的经商人员在这里经营店铺，也在此起居生活。

建筑工艺方面，袁家村居民建筑将坚固实用与传统技艺有机融合，外观均改用青砖砌墙，内饰沿用传统的泥水粉刷，从而再现过去关中民居中"土坯垒墙，麦草泥糊墙，白土泥水刷墙"的传统工艺特色。

在刚进入祠堂街有一"初见"精品民宿，它的建筑平面布局方式正是传统的关中传统院落的布局，两侧厦房是两层，先用作客房，正房是一个会客厅，游客上下二楼便要经过会客厅，以作为休息之地。在"初见"的正门便是民宿的前台，进来后，一个狭长小院，中间做水景布置，两侧点缀绿植，净化居住环境空间。门前，植物小景做装饰，旱溪与植物搭配，迈过几阶台阶，颇有趣味。建筑的外部空间设计形式，在原来墙体的基础上，加入了几块钢板，形式简单大气，加入现代建筑形式元素在内，如图3-35、图3-36所示。

图3-35 民宿入口

（图片来源：作者自摄）

图3-36 内院空间

（图片来源：作者自摄）

袁家村的建筑，把关中地区传统的木雕、石雕技艺表达得淋漓尽致。其中，木雕较多地应用于门窗；石雕主要用于门墩、拴马桩、影壁的建造。这些传统民俗建筑构件雅致美，内容丰富多彩，成为关中民俗建筑中的经典。

2. 公共建筑

公共建筑是构成公共空间的主要元素，在村落中除了民居建筑，对村民生活最为重要的建筑就是村落中的公共建筑，像庙宇、戏楼、陵园、宗祠等，它们都体现了村落的文化和风俗习惯，都与村民生活密切相关，都为村中的公共活动像集市、庙会、祭祀、礼拜等提供空间活动场所。袁家村现在的戏台在唱戏时人声鼎沸，不唱戏时十分落寞。戏台和寺庙周围的公共空间本来可以用作非物质文化遗产展示的空间，目前袁家村戏台前的广场在不唱戏时，被用作停车场，完全失去了它应有的功能。

以下是相关公共建筑保存状况。

（1）宝宁寺。广场的东侧还有一座寺庙，叫作宝宁寺。据说"先有宝宁寺，后有袁家村"，宝宁寺乃皇家寺院，唐天宝年间为守护昭陵供奉香火而建。寺内的碑文这样介绍：唐宝宁寺，始建于唐天宝辛卯十年，经唐，元，明洪武、永乐，清康熙、同治、光绪年的多次修缮，最后形成。中华人民共和国成立前夕，宝宁寺保持着光绪二年修复后的格式，前殿维持昔日原貌，中殿损毁严重，修复时为砖木结构，面阔三间，歇山顶，封火山墙，香火兴盛，古色古香。清《袁家村郭氏家谱》载：宝宁寺在西三，经唐，元，明洪武、永乐，清康熙、同治年的多次修葺，最后形成，为大唐一大古刹。袁家村的宝宁寺是唐朝时的古寺。

每年正月初一和正月十五都会有大型庙会。寺庙曾经是村民的精神重心，如今因为旅游开发的原因对寺庙进行了维修，香火重现，成为香客聚集、祈福静心的场所。

宝宁寺与关中戏楼共享一块广场空间，有效地利用土地资源。宝宁寺如图3-37、图3-38所示。

图 3-37　宝宁寺正门

（图片来源：作者自摄）

图 3-38　宝宁寺碑

（图片来源：作者自摄）

（2）大剧院。袁家村大剧院整体外观形式符合陕北民间建筑特色，新式建筑采用青砖砌墙，整体看上去颇有气势。大剧院正门的形状为拱形，依然保留了陕西原始村落——窑洞门的形式。建筑为方形的木质窗，主要图案有灯笼框和步步锦，中间多为花草、树木及鸟兽等图案。村民们为了使关中建筑装饰内容更为丰富，将纯手工制作的剪纸作品贴于木窗上。鲜红窗花纸的装饰，使传统的关中风情处处展现，保留了村落的典型特征。在此基础上，青砖砌墙，体现了陕西现代建筑的特点，如图3-39、图3-40所示。由于笔者考察时，大剧院并没有对外开放，因此不再对剧院进行过多分析。

图3-39 大剧院

（图片来源：作者自摄）

图3-40 陕西传统村落

（图片来源：作者自摄）

（3）村史馆。在袁家村民俗街街口处还有一座中西结合的建筑，十分惹人注目的袁家村村史馆。袁家村村史馆分为历史篇、自主创业篇、贡献篇和殊荣篇，橱窗陈列的一张张相片、一面面锦旗内容莫不向人们阐释着袁家村的历史是一部艰难卓著的创业史，让人真实地体会到袁家村群众勤劳勇敢的工作作风和淳朴质朴的民风民俗，如图3-41～图3-43所示。

图3-41　村史馆外部

（图片来源：作者自摄）

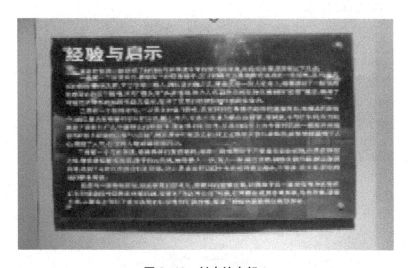

图3-42　村史馆内部1

（图片来源：作者自摄）

图 3-43　村史馆内部 2

（图片来源：作者自摄）

三、袁家村落景观信息面

（一）老式物件

为了凸显关中印象体验地的特色，村庄随处可见的景观环境小品都丰富生动、极具生活气息。有利用高差形成的水车，以及古井辘轳、石碾子、推板、犁耧耙糖等关中传统的农耕工具，还有酒酿、拴马桩、石槽、石鼓、照壁等。其中，有不少老式物件是专门从外地收购而来的。这些丰富的景观小品与袁家村的建筑、民间工艺相得益彰，进一步提升了村庄的关中民俗文化氛围，如图 3-44 ～图 3-47 所示。

图 3-44　石墨

（图片来源：作者自摄）

图 3-45　石碾子

（图片来源：作者自摄）

图 3-46　陕地名吃门内

（图片来源：作者自摄）

图 3-47 轮子

（图片来源：作者自摄）

（二）建筑小品

建筑装饰方面，其砖雕、石雕、木雕艺术样样俱全，且制作工艺颇为考究，采用了传统的手工雕刻技艺，具有很高的艺术鉴赏性。其中，砖雕主要用于屋脊、门头、墀头、影壁等重点部位，图案多以动物、花鸟、福寿等图案为主。木雕主要应用于门窗、梁架、梁头等部位，原料以松木为主，工艺多采用浮雕、圆雕和镂空雕三种。石雕装饰主要应用于柱础石等建筑石材构件以及抱鼓石、石狮子、拴马桩等建筑陈设石雕中，图案以动物、花鸟草虫为主，如图 3-48～图 3-50 所示。

图 3-48　砖雕石雕 1

（图片来源：作者自摄）

图 3-49　砖雕石雕 2

（图片来源：作者自摄）

图 3-50　砖雕石雕 3

（图片来源：作者自摄）

（三）戏曲

　　袁家村的秦腔名为"弦板腔"，具有浓郁的关中特色，属于陕西地方剧种，2006 年被列入第一批国家级非物质文化遗产名录。袁家村为更好地保护和传承弦板腔，在 2007 年成立"弦板腔社"。在袁家村，游客们听秦腔的地方是始于清朝时期的"童济功茶馆"。茶馆外的戏台子上，几位年近古稀的老艺人拉着三弦、敲着板子，吼唱着关中原始豪放的唱腔，展现了最地道的关中风韵。不仅如此，游客们也可以品尝到地道的关中老茶，耳边也会时不时地传来悦耳的叫卖声，只见挎着民国时期卖香烟小箱子的工作人员，向游客出售关中地道的土烟。这一切都给"百年古宅品品茶，杨柳荫下听听戏"的舒适氛围增添了更多味道。

（四）关中店铺

　　店铺的整体空间设计布置上，都巧妙地融合了关中民俗元素，传递了传统的关中农家风情。无论是砖体结构、木质门窗，还是门前的红灯笼、粗布幌子，无不体现着古色古香的关中风情。同时，辣椒串、竹筛、泥土灶台、柴火、传统风箱等，每一个细节都给游客们营造出了关中特有的地域乡土特色。

由于这些刻意的安排，各种物品都可能差异化而可被消费，成为遵循着差异化逻辑的符号，如图 3-51～图 3-53 所示。

图 3-51　关中店铺 1

（图片来源：作者自摄）

图 3-52　关中店铺 2

（图片来源：作者自摄）

图 3-53　关中店铺 3

（图片来源：作者自摄）

　　更重要的是，这里将陕西各地的风味小吃集聚在一起，每家一个特色，做到"一家一品"，琳琅满目的可口美食尽收眼底。店铺采用前店后厂的形式，整个美食制作流程都可以供游客参观，使游客切实体验到关中美食制作的每个流程。所有餐桌和饮食器皿也具有鲜明的地域特色。自然粗糙的木头桌椅和大理石凳子表达了关中的"袞汁袞味"；瓷质的大碗虽然看似笨拙，但却展现出了关中人豪爽不拘小节的性格和勤劳质朴的生活态度。这均是对关中饮食习惯的真实再现，如图 3-54、图 3-55 所示。

图 3-54　关中特色小吃 1

（图片来源：作者自摄）

图 3-55 关中特色小吃 2

（图片来源：作者自摄）

　　本节对袁家村新农村建设的现状进行了分析，分别从山水格局、人文历史景观、整体村落功能布局、公共空间、建筑院落、建筑结构和建筑细部、公共建筑空间及景观绿化等几个方面进行了分析，并对袁家村景观信息面和历史文美食文化进行了阐述。

第四章 传统村落景观再生设计的

侧重点

第一节　传统村落景观再生设计原则

一、地域文化性主导原则

由于地理环境和历史演变的不同，各个区域的地方文化存在较大的差异性。例如，中原地区的文化厚重规整，西部地区文化粗犷奔放，而南方地区的文化则灵活多样，致使不同的传统村落拥有不同的文化景观。即使同属于一个聚落景观区域，也不存在两个一模一样的村落，这就是由地域文化所主导的村落文化景观的独特性。同一个地区所具备的主体特征，也是其他相邻区域所没有的。这些独特性在传统村落中主要表现在民俗文化和历史沿革等因素对村落景观的影响结果。

在传统村落景观的再生设计中，文化主导原则是要遵守的首要原则，特别是在村落旅游开发热潮中出现的"千村一面"局势下。中国文化学者冯骥才公开发表了对聚落雷同现象的焦虑，并对传统村落重蹈覆辙的发展模式表示担忧。袁家村人就生活在他们的文化里，倘若没有了地域文化的主导，民族特色就会消失，这将上升为国家重大问题。因此，地域文化主导原则举足轻重。传统村落景观的独特魅力来源于不同地域特色的文化，地域文化进一步增强了传统村落的识别性和吸引力，不能使用统一的模式对各种差异加以保护和开发，必须尊重地方文化特色，应给以量身定制的保护理念，使用独特的再生方法。

例如，融水县的苗族传统聚落，以古朴的吊脚楼和精美华丽的苗族服饰特征吸引外来游客，在村落景观的再生中，应充分发扬传统的服饰文化、银饰文化，修建民众动手参与的手工制作纺织品、饰品作坊，创造出独具苗族文化特色的聚落氛围。在三江侗族聚落则不宜借用苗族的服饰、头饰来招揽顾客，然而这种张冠李戴的现象又是非常普遍的，当地村民并没有这样的文化意识，只是纯粹为了招揽来的游客在租用穿戴拍照留念时能更加上镜，但这根本达不到"入乡随俗"的视觉效果和心理体验。传统聚落文化景观的独特性的建设，需要对原有的历史景观信息进行调查研究，包括聚落空间形态、建筑形式、装饰材料、景观环境以及场所的精神和要给予人的体验等，最终达到保护与利用的良性循环。如今城市进化显现的"千城一面"就是地域文化的忽略所造成的后果。对于村落景观的营造，保持其特色，是保持传统村落神秘魅力的必然选择。

二、空间延续性原则

在方向上和形式上，传统村落的景观具有空间不间断的连续流动性特征，以满足人们在空间行进过程中的感知需求，使空间意义得以顺畅地表达。例如，聚落街巷空间中遵循延续的规律，因此能够表现出一定的空间层次关系；建筑空间因为遵循连续性原则，流动的空间意象得以展现，带给人丰富的空间体验。村落景观中的各种要素根据一定的关系呈现出连续性特征，各个场景组合而成富有趣味性的村落空间。

文化景观空间以客观物质形态存在，通过空间形态的再生以达到连续起村落内历史景观信息点、线、面的连接，从而才能形成完整的可展示的聚落景观信息。遵照这个原则，首先，要摸清村落的形成与发展的景观信息元，掌握其在历史长河中留下的文化足迹，获取景观信息才能对其进行准确定位；其次，要运用辩证、综合、系统的观点对聚落景观进行综合的考察分析，进一步明确村落的空间需求；最后，要重构完整的景观信息链，如若发现信息不完整、文化断层、空间功能不健全等，就要分析并找出其中的原因，对症下药，保证传统村落文化景观空间的延续。

三、艺术融入性原则

在传统村落的景观再生设计时，艺术如何融入的方法显得非常重要，太生硬或太细微都起不到很好的效果。几年前兴起的乡村建设式艺术浪潮，让诸多艺术家走进乡村开始其改造计划，也引发了艺术介入乡村的第一轮讨论。近年来，艺术节与艺术季的兴起让艺术介入乡村的形式再次发生变化，以乡镇（尤其是古镇）为核心寻找在地性。通过大型的艺术节与乡村发生关系，如乌镇艺术节、阳澄湖地景装置艺术季、凤凰艺术年展、隆里国际新媒体艺术季等。同时，社会学、人类学等社会学科与艺术组成跨学科实践，成为另一种介入性艺术。

目前，出现了一种小型项目，如陈晓阳的"南亭研究"、焦兴涛的"羊磴艺术合作社"、唐冠华的"家园计划"、毛晨雨的"稻电影"等，如果将这类项目的范围从乡村扩展到城市社区，还可以找到周子书的"地瓜社区"、陈韵等人的"定海桥项目"等。这些艺术项目不仅改变了以往介入式的行动，还更多地采用嵌入、参与、观察、共生等方式，加入了社会学、人类学和社会工作等方法论取向和价值伦理。陈晓阳和毛晨雨等人的研究都结合了人类学的田野方式，而陈晓阳更是将其扩展到工程师、设计师等不同专业背景的碰撞❶。将一种"日常"提取出来，从不同学科的视角展开研究，正如陈晓阳所说的："并不希望带给观众固定的答案和解决方案，而是期待寻找社区活力密码的问题可以借艺术之力传播。"周子书在"地瓜社区"的实践中，综合了艺术、建筑、人类学、社会工作等理论和应用型学科，这类项目已经很难用"艺术"来定义，也在一定程度上改变了艺术与乡村之间的主客体关系。

这些以"融入"姿态进入田野的艺术选择了日常生产生活的角度，让艺术创作与村民的生产处于共生的关系，反而引发共鸣，这种放弃宏观改造而从微观个体开始的艺术，丰富和补充了社会工作中的个案工作理论和方法，通过艺术和日常生活的关联，在经济、美学和认知层面影响了乡村。不以改造为目的，同时有意识地放弃了所谓传承上的意义感和仪式性，回到日常，也回到村庄自然的运行逻辑，艺术才得以融入，丰富并延伸了村民的"意义世界"。

复兴、优化传统村落艺术，首先应复兴的是乡村生活的文化样式，它包括当地人的信仰世界、情感世界和审美世界。借用艺术人类学的方法论，在扎实的田野研究和互为主体进行沟通的基础上，渗入当地人的文化知识体系之中，并以此为基础，发挥艺术家对在地乡村社会情感形式和审美认识的直觉，通过"多主体联动"的艺术活动，激活地方受冷落的仪式文化与艺术，重视地方人借用不同艺术形式表达情感和与陌生世界建立沟通的渴望，才有可能建立良好的乡村艺术融入模式❷。

四、整体有机性原则

传统村落景观是在人类与自然和谐共生之中逐渐形成的，是物质文化景观

❶ 陈奕铭：《介入与融入：不同的"乡村实践"方式》，美术观察，2017（12）:26-27。
❷ 渠岩：《乡村危机，艺术何为？》，美术观察，2019（1）:6-8。

和非物质文化景观的有机综合体。传统村落中每个景观要素，都记载了历史信息的物质实体，而全部文化景观形成的整体，才能真实体现出历史的文化氛围。例如，当开春时，龙脊村民在寨老和师公的带领下举办祈求全寨风调雨顺、五谷丰登的春耕仪式；耕作时塑造的梯田景观；出于防潮、通风和采光需求而诞生的吊脚楼等。如果缺少传统的风俗文化作为背景支撑，这些就仅是表面的形式表演。所以，传统村落文化景观的再生原则不仅是对历史建筑本体、聚落的空间格局和地域文化，还包括对聚落周边山水环境的协调建设，再生的范畴是多种景观元素在内的统一整体，所有构成要素都与整体有着密不可分的重要联系，因而有机整体性是最不可忽视的再生原则。

传统村落文化景观的整体性不仅体现在文化上，还体现在生态上。在村寨选址时，靠山面水，以保证良好的日照和水资源，在获得良好人居环境的同时也有利于农作物的灌溉；一些村寨结合了鱼塘养殖和农田种植，形成良好的生态循环模式。这些文化景观都是在完整的生态格局参与作用下形成的。

任何一种要素的再生都无法替代景观风貌的整体性，而只是有机整体的其中一个部分。以往在传统村落文化景观的保护研究时，往往只注重对局部空间的形态或局部功能的发展，忽视对整体的把握。因此，村落文化景观必须用整体的观念对其进行保护和再生，只注重个体的要素的发展方式是最不可取的，而要重视传统村落的整体格局，才能实现经济效益与环境效益的双向平衡。

五、动态弹性原则

传统村落景观的产生和发展具有比较悠久的历史，它是乡土居民生产与生活方式的一种反映，是乡土文化与精神的结晶，具有非常深厚的历史文化底蕴，且表现出不断变化与发展的突出特点，这就使传统村落在其发展过程中具有一定的不稳定性。因此，在传统村落景观再生设计的过程中，应坚持动态弹性原则。

与其他景观相比，传统村落文化景观类型性质的最大区别就在于，传统村落是由聚落周边环境与历史建筑物所构成，经过无序或有序的交织生长形成的建筑群落景观，是动态的且具有生命力的文化遗产。因此，在对传统村落景观进行再生设计的过程中，必须坚持动态弹性原则，以延续其相应的社会职能。随着社会的不断发展，传统村落景观必然发生变化，这种动态发展过程正是传统村落景观具有活力与生机的表现。所以，在传统村落景观的再生设计中，保护并不是指固定保存或者维持传统村落景观现有的状态，而应该是动态的、积极的、可持续的、绿色的，以其发展规律为基础，通过再生设计的相关方法，推动传统村落景观步入健康的发展轨道，使其在现代文明与现代生活中依然具有充足的发展动力，并可以发挥其各种潜在的功能。

六、以人为本原则

传统村落景观与人的活动行为具有非常紧密的联系，两者不可分割，共同发展。村民是传统村落景观的创造者，也是传统村落景观的使用者。在传统村落景观的保护与再生活动中，当地居民的需求与利益与其具有密切的联系，两者相互依存，相互影响。因此，在传统村落景观的保护与再生活动中，要以当地居民的使用需求与利益为出发点，坚持以人为本的原则，充分考虑当地居民的利益与诉求，积极提升当地居民的生活质量，提高当地居民对传统村落景观与文化的认同感，激发居民对传统村落景观保护与再生的积极性和主动性。

七、原真性原则

传统村落景观的原真性指的是保护其村落遗存的历史信息与建筑物，即保护原生的、历史的、真实的村落物质与非物质原物。《奈良真实性文件》中指出，多方位地还原文化遗产的真实性，其前提条件是要对遗产产生之初及发展之中的特征以及特征的意义与信息来源进行充分的认识与理解。原真性包括遗产的材料与实质、形式与设计、环境与位置、技术与传统、体验与精神，需要对传统村落景观独有的历史、文化、科学、社会层面的价值进行充分的认识。要最大限度地保护与修复传统村落景观的村肌理、生态环境、空间格局及历史建筑，要积极保护与发展传统村落景观承载的历史文化内涵，要坚持"修旧如故，以存其真"的再生发展理念，选择恰当的保护与修复手段，将传统村落景观已经遭到干扰或破坏的部分进行治理与修复，以保护传统村落真实的历史面貌，发展传统村落和谐的居住生活形态。更重要的是，原真性原则还有助于保护传统村落文化的传承与发展，有助于传统村落文化适应时代的变化，自然而然地融入村民的生活中。

八、经济性原则

无论传统村落景观通过怎样的形式再生，推动当地经济发展与提高当地居民的生活质量依旧是传统村落景观发展的重要推动力。可以尝试通过"开源节流"的方法在传统村落景观再生发展过程中推动当地经济的发展，提高人民的生活质量，增加人民的经济收入。"开源"指的是利用当地自然景观与人文景观的特色与其他产业相融合，增加新的经济增长点；"节流"指的是在传统村落景观再生过程中对投入的成本与资源进行适当的管控和调配，防止增加不必要的资源与成本损耗。

第二节　传统村落景观再生设计内容

一、文化基因再生

传统村落中蕴藏着丰富的文化基因，与生物基因的作用方式相似，文化因子控制着非物质文化形态的传承与发展，以及传统村落物质空间的形成与发展。例如，袁家村以关中传统老建筑、老作坊、老物件等文化遗产所代表的关中民俗文化为内涵，建成了村景一体、具有"真实"感的关中印象体验地。这里的文化基因再生主要是指关中民俗文化等非物质文化因子的复兴与再生过程。

对传统民俗文化的再生，既是保护和复兴传统村落的首要内容，也是构建和谐社会不可或缺的一个重要组成部分。民俗文化起源于民间乡土生活，也是其他文化景观产生或发源的母体与基础，还是民间民众所创造、共享和传承的风俗生活文化的统称，包括民族歌舞、地方节庆、生活习俗和民间技艺、特色服饰等。文化基因在一定的时期会发生变异，当受到外力影响和冲击时，文化功能则可能被搁置起来，但仍然储存在民族记忆里，随着现实的需要而浮现或沉落。正是因为受到现代社会的冲击和人们价值意识的改变，中国传统民俗文化逐渐淡出人们的生活，甚至濒临消失，所以要通过复兴和再生的手段，使我国宝贵的文化遗产得以活化传承和延续。

二、生态环境再生

自然生态层面的恢复与研究涉及乡村环境的安全与健康问题，也涉及生物多样性的保护。生态再生是聚落文化景观营造最基本的再生，与传统村落环境的生态和持续发展有着密切的联系。

以往古村落的保护重点往往只在建筑和村落范围内物质与非物质文化资源上，其保护规划也大多在于对古村的保护和新村的规划，而较少考虑由农田、水系、林地等承载这些文化遗产的村落生态系统或居民点以外的自然生态系统，导致了此类生态敏感性强与脆弱的传统村落生态系统得不到全面有效的保护。生态的再生是传统村落文化景观保护中最基础的工作，也是美丽乡村建设、生态文明建设与可持续发展的需要。

事实表明，如果生态系统失去平衡，那么将导致人类丧失大量适于生存的空间，从而会发生一系列环境问题和社会问题。因此，保护村落内部的物质景观的同时需要保护聚落边界的农田、河流、山林等，它们都是聚落选址的依据。生态再生的主要目的是保障人类生存环境的再生和持续，如图4-1、图4-2所示。

图4-1　古村落景观再生1

（图片来源：作者自摄）

图 4-2　古村落景观再生 2

（图片来源：作者自摄）

景观视觉形态的设计注重外部形态的直觉感受，主要遵循美学的基本规律，满足人类的审美需求。对于传统村落来说，其景观形态包括了整体环境和节点空间，从区域到单体，凭借视觉设计原理、景观形态学及美学原理，通过线条、色彩、肌理、质感、比例、尺度等视觉要素来体现。在景观设计中，形式是最重要的因素，形式作为媒介将逻辑与情感从概念转变成实际的景观形象，提供一个使用景观设计的空间语言的基本框架。

三、景观形态再生

在我国历史上，常使用"十景""八景"来表达人们对自身居住场所的欣赏与赞美，这不仅表达出人们与其生存环境关系的本质思想，也蕴含了丰富的景观形态。总体而言，我国传统村落文化景观之美主要表现为一种"和谐之美"。追求人与自然的和谐，是"天人合一"传统哲学观的体现。例如，桂北传统村落文化景观美学价值主要表现在注重山水格局的配置、古朴的民居建筑景观、局部区域的合理组合、聚落景观天际线的处理技巧、聚落与环境有机融合、特定环境下的文化生态等，如桂林的兴坪古镇与周边的漓江山水、龙胜的梯田与民族聚落景观。

土地及其上面各要素的协调，是传统聚落文化景观研究的主要对象。之所以包含景观，是因为美感等视觉要素是景观不可缺少的外在特征。非物质文化的体现往往也要通过物质形态来承载和体现，从某种意义上说，缺少形态美的文化景观是不具备景观特质的。因此，在设计之初我们最主要思考的设计内容就是外观形态的设计，景观形态再生是村落文化景观再生设计的重要内容。

四、聚落空间再生

亨利·列斐伏尔在《空间的生产》一书中提出了空间再生的三元理论，即空间实践、空间再现、再现空间。宏观上，空间的再生是兼顾人的活动、文化背景及居住功能等全方位的设计模式。传统聚落的空间再生，即运用各种手法来保存与改造旧空间从而使空间再生重新充满活力。总的来说，在聚落景观风貌和谐统一的情况下，置换一部分形态与功能，使村落空间既能延续历史景观信息又能满足现代生活的需求，同时焕发出新的精神与活力。

村落中所有可见物都是其空间形态的构成要素，不同层次的空间要素相互作用构成了传统村落的空间形态，包括村域空间形态、公共空间形态和村民居住空间形态。一个场所会展现出多种生活情境，传统村落空间的设计也必然将从单一功能向复合功能发展。无论空间大小，归属何种类型，村落内的所有空间都与人们的生活息息相关。

通常，村落空间优化与重组的目的一方面是与社会生活无障碍地紧密联系，另一方面是延续村落历史文化活动氛围，创造更为符合需求、设施更完备的村落空间，如活动场地、绿化区域和街巷空间等。例如，在1986年村民自发集款、每家每户出工出力重建的三江马安寨鼓楼。在此之前，原地上的旧马安鼓楼只有三层，形态较小，加之年代久远残破，难以满足寨内村民进行相关活动的需求。如今马安鼓楼作为村寨内的标志性建筑，村民在其楼前广场举办歌舞活动，设百家宴招待宾客等，鼓楼及鼓楼广场的重建在村寨文化构建上具有十分重要的作用。

五、艺术传承再生

对传统村落艺术的传承，先要界定艺术的范围。这里的传统村落的艺术传承，主要基于传统村落的视觉形式，如建筑、雕塑、绘画、书法等，或基于村落的某种传统文化、习俗，或者某种特色符号，进而衍生出大家喜闻乐见的某种艺术形式。

猫村原来叫作东坪村，是黑崖沟村下辖的自然村，2019年村民易地搬迁至镇上，留下空旷的村庄和无人喂养的留守猫。同年，返乡的阜平籍艺术家冷山在黑崖沟村开设公益画院，决定将东坪村改造为大山深处的文化风景和猫咪的生存乐园，猫村由此得名。

基于猫的元素，村子在入口处用钢结构焊制猫头像构筑物，以迎接游客。为了带动猫村农副产品及相关产业的发展，专门成立了以猫为主题的直播间。此外，还有古朴的青石板路和小石桥、乡土风格的石墙绘画、以猫咪为元素设计的指路牌……猫村不仅有猫，还是个文艺范儿实足的小村庄。来猫村观光旅游的人越来越多，政府计划着将艺术乡建通过猫村、公益画室等做成乡村振兴的一种落地模式，带动黑崖沟的乡村旅游发展，如图4-3～图4-6所示。

图4-3 猫村周边环境与猫村直播间

（图片来源：作者自摄）

图4-4 猫村秧歌队与祈福灯

（图片来源：作者自摄）

图4-5 猫村公约与猫村纪事

（图片来源：作者自摄）

图4-6 猫村入口设计与墙面绘画

（图片来源：作者自摄）

再如，河南南乐县岳村集村，这个原先名不见经传的村庄，因该村走出的一位名人而被更多人所熟知，这位名人就是相声演员岳云鹏。该村的设计理念以相声为元素来进行深入挖掘，村里到处是关于相声文化及岳云鹏作为相声演员的痕迹，这些元素以绘画的形式运用到墙面装饰中。在挖掘相声文化的同时，也对村庄的人文历史进行再现，如 3D 墙面绘画与实物结合来表现儿时荡秋千、自行车载人、驴拉磨的场景；利用废旧车轱辘、门板、碾盘等元素进行再创作，来展现农耕时期的文化元素，如图 4-7、图 4-8 所示。

图 4-7 岳庄集村老物件艺术再利用

（图片来源：作者自摄）

图 4-8 岳庄集村墙体艺术

（图片来源：作者自摄）

传统村落景观再生设计，将传统元素融入现代景观，既能体现出原有的传统韵味，也能满足现代生活的需求，符合现今人们的审美观。本节通过猫村景观再生设计实践，强调艺术传承是村落发展的重要环节，同时村落空间需要与时俱进，重塑空间，植入时代特征，采用新技术和新材料，做到传统与现代空间的完美结合，通过艺术的表现形式来体现人文价值和社会价值。

第三节　传统村落景观再生设计方法

一、发挥传统村落再生设计中四大主体的作用

（一）政府保障

在传统村落再生发展的过程中，相关政府要积极给予相关法律法规的支持，落实配套资金，积极组建村落再生所需要的人才队伍，为传统村落的再生给予技术上的保障。政府还需要积极创造条件，引导民众，鼓励专家，将社会中的各方面力量引进传统村落再生发展的工作中。同时，政府要积极保持自省，即在传统村落再生工作中要坚持以人为本的发展原则，在推进传统村落再生建设的过程中将人民的利益与人民的意愿作为重要的参考因素。除此之外，还要保障传统村落再生的全面性、科学性与合理性，充分地考虑传统村落的文化、经济、生态等因素。

（二）村民参与

村民是传统村落的主人，在传统村落的再生工作中，村民要积极树立对自己村落的文化传承自觉与文化自信，树立生态环境保护观念，响应国家绿色发展与可持续发展的号召，积极参与到传统村落再生建设的工作中，为自己的家乡环境、家乡文化、家乡经济作出应有贡献，实现自身作为建设主体与利益主体的有机统一。除此之外，还要积极发挥由村民代表选举产生村委会的作用，在传统村落再生建设的过程中，村委会可以代表村民说话，有效推进本村落与外界资源的沟通与协调，助力村落的再生与发展。

（三）市场推动

在传统村落再生发展的过程中，市场的参与必不可少，甚至它具备着极大的推动力。一方面，在传统村落再生工作中，市场主体及其行为需要从长远的角度出发，要以一个科学长远的战略规划作为支撑，在对传统村落的资源进行挖掘与整合的过程中，要对村落的文化内涵、经济内生动力以及周边环境进行充分的调研，结合周边资源，增强传统村落的集群效应，推动村落的再生与发展。另一方面，在传统村落再生发展的过程中，市场主体及其行为不能一味地追求利益，还要积极保护传统村落的自身特色，以避免传统村落过于商业化。市场要在不破坏传统村落的前提下，遵循可持续发展的理念，努力发展传统村落的各方面效益。

（四）社会发动

在传统村落再生发展的过程中，要使村民在认知上文化自觉，转变自身思想理念，并从行为上推动传统村落再生工作的进行，这是内因；政府与市场的参与是村落再生发展的支持与保障，是外在因素。在这一过程中，也不能缺少社会力量的广泛参与，这是村落再生的强大动力，也是外在因素的重要组成部分。一是要增强专家智库的支持力度，获得相应的技术支持；二是要唤起在外乡贤的返乡建设情怀，为传统村落的再生引入各种有益的资源；三是要发动社会团体与民间组织的力量，以社会公益模式推动村落的再生与发展。总之，只有发动全社会力量的助推力量，才能有效推动村落可持续健康发展。

二、将传统村落的再生融入"五位一体"的总布局中

党的二十大报告指出，要贯彻好二十大精神，准确把握一个时期党和国家事业发展与战略部署，落实统筹推进"五位一体"总体布局。"五位一体"战略布局可以为传统村落再生发展提供一些启示。

第一，在保护与传承村落文化的前提下，将传统村落文化与文化产业进行融合，大力发展传统村落文化产业，推动村落经济水平的提高，这一举措是传统村落的再生与发展的有效方法与途径。

第二，将传统村落再生发展融入政治建设中。要坚定不移地推动富有"以人为本""优化布局""四化同步""文化传承""生态文明"深刻内涵的传统村

落再生工作的进行，达到理论与实践的共同发展。

第三，将传统村落再生发展融入文化建设中。要深入践行传统村落"文化传承"的再生理念，在村落再生过程中，积极继承与发扬中华优秀传统文化，将传统村落文化融入村落再生建设中，将村落的历史文化融入现代文明中，建设有文化脉络与人文气息的新型传统村落。

第四，将传统村落再生发展融入社会建设中。要全面推进村落与社会协同发展，将村落的再生与社会建设结合起来，营造和谐自由的社会。

第五，将传统村落融入生态文明建设中。要注重村落历史文化古迹、传统公共空间与古民居等人文生态环境的保护与修复，同时要注重对村落景观、自然风光与村落风貌等自然生态环境的保护，建设有历史文化气息的以及有田园风光的美丽的传统村落。

三、协调传统村落自身的保护与发展

面对传统村落的再生发展，一方面，要满足村民发展经济、生活与推进城镇化建设的需求；另一方面，要积极保护传统村落的文明与环境。这两方面是村落再生建设中的重要组成部分，与传统村落再生建设是整体与局部的关系。要想这两方面有机协调进行就需要将局部与整体进行协调，即用局部的有机更新达到整体的有机更新。因此，要对传统村落进行有机更新，以修旧如旧的理念作为指导，进而达到村落自身保护与发展的协调与融合。

在传统村落再生发展工作中，要对村落进行保护，同时我们也需要站在一个整体、全面、辩证的角度去看待这个保护。例如，对于传统村落中优秀的文化遗产，我们要积极继承与发扬；而对于传统村落中落后陈旧的部分，我们就需要积极地进行改造与调整，推进其进行现代化调整，使其适应现代化发展。在改造与调整的过程中，要以维护与维修为前提，做到全面、科学、协调发展。在改造传统村落中陈旧部分时，要给予传统村落自身修复功能最大的尊重。

四、将传统村落再生设计融入中华文明传承中

我国农耕文明距今已有七千多年的历史，七千多年的孕育与发展，使传统村落这块土地中衍生出十分丰富的传统文化，可以说，中华文明就起源于传统村落这片土地上。

　　随着现代文明与城市的发展进步，传统村落文化成为中华文明中的一个重要组成部分。如今，在经济社会快速发展的当下，我们需要对传统村落文化在中华文明传承中的重要意义进行审视，增强文化竞争力，促进民族文化发展，推动中华文脉的延续。用文化复兴推动民族复兴，用传统村落再生发展推动中国梦的实现。

第五章　传统村落景观再生设计的
路径分析

第一节 挖掘传统村落景观的文化内涵

文化内涵主要指的是文化载体所反映出的人类思想与人类精神等方面的内容，传统村落景观的文化内涵主要表现在三个方面：

第一，传统建筑风貌保存比较完整，即该传统村落存在一定的规模或者一定数量的传统建筑，该建筑群具有明显的风格传统，这些建筑的色彩、形式、墙体、门窗等都表现出了明显的地方建筑风貌与风格特色。

第二，传统村落的格局与选址方面具有突出的传统特色。长期以来，村落在形成发展的过程中，一直保留着其初期建设的选址特征，表现出人与自然和谐发展的关系。另外，传统村落的整体格局与建筑布局依旧延续着传统建筑的空间结构与空间形态。

第三，非物质文化遗产活态传承。迄今为止，传统村落一直以农业人口与农业生产为主，一直延续着传统起居与传统文化形态，以形象、技艺、声音为表现方式，以传统形态和方式为依托，以身口相传的形式而发展下来的造型、体形、口头、综合等文化。

2012 年 4 月 16 日，住房和城乡建设部、文化部、国家文物局、财政部联合发布的《关于开展传统村落调查的通知》指出："我国传统文化的根基在农村，传统村落保留着丰富多彩的文化遗产，是承载和体现中华民族传统文明的重要载体。由于保护体系不完善，同时随着工业化、城镇化和农业现代化的快速发展，一些传统村落消失或遭到破坏，保护传统村落迫在眉睫。开展传统村落调查，全面掌握我国传统村落的数量、种类、分布、价值及其生存状态，是认定传统村落保护名录的重要基础，是构建科学有效的保护体系的重要依据，是摸清并记录我国传统文化家底的重要工作。"调查内容包括村落基本信息、村落传统建筑、村落选址和格局、村落承载的非物质文化遗产、村落人居环境现状等，并制定"传统村落调查登记表"进行指导。

菏泽市巨野县核桃园镇前王庄村是一个有 500 多年历史的古村落，村庄地处巨野县金山东北部，背靠白虎山，山顶有天然风景秀丽的白虎天池，在菏泽地区独树一帜，独特的地理位置也造就了前王庄村和菏泽地区其他村落的不同。据村里老人介绍，这个村是王氏家族从山西洪洞县迁至此地安家落户形成。村落建筑形式和布局方式、防御功能和陕西遗存的民居大院布局极其相似，又利用当地的石材建设，同时反映了明清时期从山西迁移到菏泽地区较好的民居建筑形式，也以其特有的建筑形式填补了鲁西南地区石头寨建筑史的空白，是我国晋鲁文化交融的石砌建筑典型代表。

前王庄古村落石头寨也因为其独有的建筑风格在山东省及菏泽地区以最具历史文化特色和最美古村落稳居前三十。明清时期建设的老宅院，120多幢老宅院，经过时间和历史的洗礼更显古朴沧桑的韵味，在历史的长河中，石头寨至今大部分建筑仍然被当地居民保存完好，2015年入选山东省首批省级传统村落，2016年被列入第四批中国传统古村落，村落内尚有拴马石、古井、村碑、坊子门、古树名木等，传统肌理保护良好，村庄非物质文化遗产丰富，拥有棉纺、木工技艺、虎头鞋等传统手工技艺，担经舞、揉花篮等传统节庆活动，历史文化底蕴深厚，2018年被列入山东省第一批美丽村居建设试点村，2019年被授予"第七批中国历史文化名村"等荣誉称号。2020年11月被山东省农业农村厅确定为2020年山东省休闲农业示范点（村）。2021年6月入选山东省文化和旅游厅公布的山东省红色文化特色村培育创建名单。一系列称号与荣誉加持的前王庄村有其独特的风貌，如图5-1～图5-5所示。

图5-1 前王庄村1

（图片来源：作者自摄）

图 5-2　前王庄村 2

（图片来源：作者自摄）

图 5-3　前王庄村 3

（图片来源：作者自摄）

图 5-4　前王庄村 4

（图片来源：作者自摄）

图 5-5　前王庄村 5

（图片来源：作者自摄）

近年来，巨野县启动古村落石头寨保护项目，本着严格按照原来建筑风格的原则进行保护，维护所用的石头全都来自已塌陷房屋，保持了石头寨独特的建筑风格和历史文化魅力，为了让传统文化变成旅游的一种特色、一道风景线，前王庄村结合自身石头建筑特色，打造了"石头寨民宿"旅游产业项目，推出了"石寨人居""山水田园""星空石居"等 12 个风格独特、主题鲜明的农家民宿小院。游客游玩一天之后，可以夜宿农家小院、赏夜景、生火做饭，静享幽静的田园时光，感受棉纺、石刻、木工刺绣等手工体验。针对艺术群体、工艺匠人组织开展石寨艺术写生、书画摄影、非遗传承等活动，开设手工车间，非遗广场等乡村展览所需的多种活动场地。前王庄村在乡村振兴战略开展和传统村落的保护中具有很高的历史、艺术、文化、科研的价值和意义。

第二节　提供传统村落景观的再生保障

一、构建传统村落景观再生工作的组织实施机制

在菏泽传统村落再生工作的保障措施中，完善科学的组织机制与实施机制是保障措施中重要的组成部分。首先，要进一步发挥山东省农村工作办公室作为政策制定与引领的核心作用。通过相关的调研与实践活动，对政策实施的经验进行整理与总结，同时对出现的问题进行归纳并积极寻求解决办法。其次，进一步发挥菏泽市党委和政府在行政区划内组织与统筹的作用，并在省级农村工作办公室的协调帮助下，借助菏泽市文化局、旅游局、住建局等相关部门的合力，全面构建菏泽传统村落再生设计工作。最后，积极调动有关村组织与村民积极参与菏泽传统村落景观再生设计工作，充分发挥乡镇组织实施的重要作用。

除此之外，还应充分发挥规划设计专家团队的持续指导作用。菏泽市传统村落再生设计工作的规划技术、文化认知与施工条件都有待加强，需要建筑、规划、文物保护等方面的专家予以指导和监督，以保障再生设计工作中传统村落的建筑安全与文化安全。所以，需要通过一些途径对传统村落景观再生设计

团队给予鼓励与支持，提高他们的工作热情，使其积极参与并全程指导菏泽传统村落景观再生设计的实施工作，避免出现现实建设施工与规划师设计背道而驰的情况。在菏泽传统村落景观具体的改造与建设之中，积极倡导"参与式、渐进式、互动式"的再生设计方法。"参与式"即在规划设计与实施阶段采用多方共同参与的方法，如对村民发展意愿与满意度的调研活动；"渐进式"即对菏泽传统村落景观再生设计的近期与远期的结合，如由于近期实施技术的难度或者资金方面的困难，不得不采用暂时过渡方案，但是近期实施方案依然要以菏泽传统村落景观远期发展目标为依托，对其远期发展与全面建设的可能性进行充分思考；"互动式"即在菏泽传统村落景观再生设计的实施建设环节中，并非一味地按照原有的规划方案进行建设，而是坚持理论与实际相结合的理念，根据建设与改造的实际情况不断对规划设计方案进行调整和优化。

二、加大再生工作的政策与资金支持

山东省政府要进一步加强对菏泽市传统村落景观再生设计的资金力度。2022 年 5 月 18 日，山东省政府新闻办召开新闻发布会，省财政厅围绕《关于推动城乡建设绿色发展若干措施的通知》（以下简称《若干措施》），对财政在支持城乡建设绿色发展方面的举措进行阐述，其坚持"生态优先、绿色发展"的理念，统筹财政专项资金与政府专项债券，激发社会资本的投资活力，加大资金投入力度，推进城乡建设绿色发展；聚力于美丽宜居乡村建设，优化中央专项资金和乡村振兴重大专项资金投向与分配方式，2022 年安排预算资金 30.32 亿元。2022 年 7 月 11 日，山东省政府召开新闻发布会，会上表示山东省深入贯彻党中央与国务院决策部署，制定乡村产业振兴的"六大行动"，实施乡村产业创新驱动发展，强化财政投入，逐年加大对乡村产业振兴的支持力度，今年，全省预算安排乡村振兴重大专项资金 511 亿元，比上年增加 31 亿元，增长了 6.46%。这都为菏泽市传统村落再生设计工作项目提供了政策与资金保障，菏泽市要积极抓住发展机遇，助力传统村落景观的再生发展。

此外，相关部门还要加大对土地政策的支持。菏泽市传统村落景观的再生要求相关部门对村民新建住宅进行合理规划、建设与风貌控制，而土地指标的支持是新建住宅的建设的基本保障。2022 年，山东省政府实施新增用地指标提前预支这一重要举措，表示在国家明确 2022 年新增用地指标配置方式之前，允许各市预支不超过本市 2021 年实际用地的 50% 的指标用于保障项目用地。

除此之外，政府还表示对于符合使用国家与省级统筹指标的省级以上的重点基础设施项目、省重大项目、农村农民住宅项目，不计入各市预支数量，继续实行应保尽保，随报随用，这也为菏泽市传统村落景观的再生设计工作提供了极大的政策保障。

三、加强传统村落再生工作的立法建设

菏泽市传统村落景观再生设计工作需要相应的法律予以保障。对于"历史文化名镇""各级文物保护单位"，相关部门还需要加强传统村落再生领域的法律建设。以法律为准绳、依托，深刻领会对传统村落景观进行再生设计的重要意义，增强对传统村落景观保护与再生建设的责任感与使命感，让保护传统村落景观的观念深入人心；聚焦主责主业，加大法制宣传，为菏泽市传统村落景观的再生设计工作提供高效公正的司法保障与司法服务。除此之外，相关部门还要积极创新审判工作机制，不断提高传统村落景观保护与再生案件中的审判水平，为菏泽市传统村落景观再生设计注入司法力量。

另外，菏泽市在加强传统村落景观再生设计工作的立法建设中，要因势利导、因地制宜，引领全社会树立保护传统村落景观的意识，使用好"法律"这一神圣武器，使菏泽市传统村落景观的保护与再生工作步入法治轨道，让传统村落景观这一物质与非物质文化的集合载体，在保护与再生工作中实现文化接力，在新时期更好地展现出其蕴含的文化品质与文化魅力。

第三节　激发传统村落景观的发展动力

为更好地激发传统村落的内在发展动力，需要在推进乡村振兴的背景下，对村落保护、利用与再生的关系进行统筹，构建和谐、自由、美丽的传统村落再生系统。为村落与村落生态环境注入传统手工艺与民风民俗等文化内涵，为菏泽传统村落找到适合自己的再生发展路径，只有从根本上激发传统村落景观的发展动力，才能真正使传统村落"美起来""活起来""动起来"。激发传统村落内在发展动力，推动村落再生，让村落历史文化在再生发展中被更好地继

承与发扬，让村落生态环境更加和谐，让村落文化更加繁荣，让村落经济更上一层楼。

如何激发传统村落景观的发展动力，是菏泽传统村落再生发展中面临的重要课题。传统村落中蕴含独特的自然文化遗产和物质文化遗产价值，其丰富的非物质文化遗产价值，被称为"活着的文物、有生命的历史"。中央全面深化改革委员会第十九次会议审议通过的《关于在城乡建设中加强历史文化保护传承的若干意见》中指出，要加强制度顶层设计，对村落中的传统文化给予合理的保护、利用与传承，这就为我们探索如何激发传统村落发展动力提供了有益线索，我们可以以传统村落中浓厚的历史文化为切入点，通过对村落历史文化的保护与发展，展现出村落本地的特色，激发村落的发展动力。

相关调查结果显示，目前有七千多个村落被列入我国传统村落的名录。不少地方村落再生实践中，对村落历史文化街、历史建筑、名村名镇进行了积极合理的开发，找到了一条精细化保护与开发传统村落的方法与途径。中共中央办公厅与国务院办公厅印发的《关于建立健全生态产品价值实现机制的意见》明确指出，鼓励盘活废弃矿山、工业遗址、古旧村落等存量资源。因此，要在保护好传统村落的基础上，对历史文化资源进行充分的挖掘与利用，积极传承村落历史文化，发展村落历史文化，对于菏泽传统村落再生发展工作来说，是一个挑战，也是一个机遇。

随着我国经济水平的不断提高和社会的不断发展，我国传统村落蕴含的独特风韵与价值越来越突出。我国传统村落也存在一些有待发展的方面，如我国传统村落原生态系统有待调整与优化，一些村落中的基础设施需要不断加强与完善，村落中的民俗文化需要我们积极继承与发展等。由此可见，为更好地激发村落中的发展动力，推动村落再生，需要统筹好对历史文化的保护、利用与发展的关系，需要积极建设和谐与美丽的传统村落生态系统。

激发传统村落的发展动力，促进传统村落"活"起来，推动村落再生发展，需要积极协调好村落人文环境与周边自然环境的关系，确保村落在承受能力范围内被科学合理地开发与发展。在保护与修缮生态原貌的基础上，依据传统村落自身的传统技艺、地域文化、民风民俗等文化资源，科学合理地将村落与文创、旅游等产业融合起来，保证村落经济文化价值与生态价值的共同发展与共同实现。例如，江西一些传统村落再生工作就以保护当地生态为前提，采取保护性开发策略，同时对村落中的民风民俗与传统技艺等文化资源进行挖掘，打造文化旅游产业，不仅实现了生态的绿色可持续发展，还实现了文化、生态与经济三个方面的良性循环，三者相互依托，共同发展。

盘活传统村落，激发传统村落内在发展动力，需要依据菏泽传统村落的具体发展情况与历史文化资源，因地制宜，确定再生发展道路。我国传统村落可以划分为四大类型，即北方传统村落、江南传统村落、皖南传统村落与西南传统村落。不同地域的村落再生实践表明，在村落再生发展中，政府可以起到一定的引导作用。政府可以主导开发与合理引入社会资本，面对人口较多以及资源较为丰富的村落，政府可以根据实际情况，采取社区、企业或者农民开发的再生模式，在这一过程中，无论是哪种方式，都必须建立在注重生态环境保护与统一规划的基础上，只有这样才能实现传统村落的可持续健康发展。菏泽地区每一个古村落都具有自己的独特之处，在推动其传统村落再生发展的过程中，每个村落都要考虑到自身的实际情况，努力找到自身再生发展的定位。为传统村落与其生态环境注入传统手工艺与民风民俗等文化内涵，才能真正使每个传统村落找到差异化的发展途径，激发起内在的发展动力，才能使传统村落"美起来""活起来""动起来"，让传统村落迎来新的发展新高峰。

第四节　构建传统村落景观再生价值评价机制

构建传统村落景观再生价值评价机制是传统村落景观再生工作的重要内容之一。对传统村落景观再生工作的效果与价值进行判定，为传统村落景观的再生与发展提供强大的支持力与持续发展的动力。

与对一般文物古迹的评价不同，传统村落景观再生价值评价机制不应只注重建筑单体的物质性层面评估，而应将评价范围放置于传统村落形成、再生、发展的过程中，提高到村落整体环境的层面，从主观感受到客观标准、从质到量、从过去到现在、从意识观念到物质层面等各个方面进行综合科学的考量与权衡。住房和城乡建设部等部门颁布了《传统村落评价认定指标体系（试行）》，其从以下三个方面建设传统村落景观再生价值评价体系。

第一，对传统村落建筑景观的评价，包括历史价值、文化价值、稀缺程度、现存传统建筑、再生规模、建筑功能种类、建筑材料和结构、营造建筑工艺八项因子。

第二，对传统村落格局与选址的评价，包括现存历史环境种类、村落传统格局保存程度、村落现有选址、村落规划营造反映的历史与文化价值、村落与传统田风光或自然山水存在共生的关系五项因子。

第三，对非物质文化遗产种类与级别、文化遗产的传承时间、文化遗产的传承人与传承活动的规模传承发展情况、与村落周边环境的依存度四项因子的评价。

为了进一步分析菏泽传统村落景观再生价值的构成与体现，本节从文化价值、历史价值、科学价值、艺术价值、开发利用价值与旅游价值六个方面对菏泽传统村落再生价值进行综合、全方面、科学的评价。

一、再生价值构成

（一）文化价值

传统村落是各个区域乡土文化的重要载体，每个区域都具有自身独特的文化。同一个区域内的居民定居在一起，经历了长时间的交往与互相影响后，便会形成相似的民风（其中包括历史变迁、风土人情、宗教信仰及生活习惯等）与生活方式，而传统村落也就成为承载这些非物质文化的独特载体。随着时间的流逝，这些各具特色的传统村落在地方文化中发挥着越来越大的作用，逐渐变成了地方文化的重要构成部分。传统村落的文化价值不只体现在地理环境、空间布局上，还涉及乡村特色、生活方式及地域文化等方方面面。因此，传统村落的发展史就等同于当地文化的发展史，它能最大限度地还原当地历史文化脉络的演进。尽管在各种因素的影响下，每个村落形成了自身别具一格的居住环境，但从本质上来说，这些形态各异的居住环境都是自然因素与人文因素有机结合后的产物。

（二）历史价值

传统村落的历史价值主要表现为：传统村落以村落内的历史文化遗产或一个整体单元的形式，被当作某个重要发展阶段、某个重要任务或某个事件的物证。作为历史发展的产物，传统村落不仅能向人们展现出某一社会发展阶段的科技、经济水平，还能在一定程度上反映出某个地区的生产力与生产资料供应的情况。

（三）科学价值

在自然、地理及经济等多种影响因素的共同作用下，传统村落在其漫长的发展过程中逐渐拥有了独特、别致的景观。传统村落大多位于依山傍水之地，有的依附山势，层层递进；有的临水而建，随着地形拓展。传统村落中的建筑看似不拘一格、形态各异，实则极具规律、富有生活智慧。在传统村落地域特征中，比较有代表性的便是寺庙、民宅、祠堂等各种建筑物。例如，晋商大院是我国北方非常典型的四合院，在以北京四合院为代表的城市四合院逐渐淡出大众视野的今天，传统村落仍然保留着大量实物史料与特色民居，是历史发展的重要见证，其所蕴含的历史价值与文化价值不言而喻。

（四）艺术价值

传统村落在建筑方面取得了较高的艺术成就，其中以木结构为主的建筑单体在各个历史阶段所形成的极具地方特色的装饰艺术传统，都被传统村落所记录与承载。那些利用木雕、石刻及砖雕等艺术手法进行装饰的古建筑，其装饰图案大多来自民间艺术与民族文化，既包含花鸟鱼虫、人物山水，又包含寓言故事、诗词戏曲等；既可以表现喜庆吉祥的寓意，又可以表达福寿安康的愿望等，地方特色鲜明，意蕴深厚。传统村落建筑在民居装饰艺术方面具有典型的乡俗特点，文化内涵丰富，表现手法多变，朴素而又不失典雅。

（五）开发利用价值

由于保护与开发利用本身就是一项非常复杂的系统工程，关系到文化、社会经济等各个方面，因此传统村落的保护与利用也会受到许多客观因素的制约与影响。传统村落的保护利用价值需要通过村落的客源条件、环境容量及区位条件等方面来进行衡量。其中客源条件可以围绕旅游淡旺季、客源层次、空间距离等方面来进行分析。

（六）旅游价值

居民生产生活的空间（如广场、街巷、民居等）也是传统村落非常显著的特征之一。在传统村落中，小到内部装饰，大到整体规划布局，无一不体现着"天人合一"理念追求。在这种理念追求的影响下，居民、村落和环境三者之间共同构成了一个和谐的整体，在实现人与自然相融合的同时，也为人们提供了寻找精神家园的重要途径，外地游客在参观传统村落或到当地游玩时，不仅能体验当地生活的别样风格，还能近距离接触先辈们的智慧与高超的建筑技艺，体会传统文化的深远意蕴，进而得到精神的慰藉与心灵的净化。以游客的参与程度为依据，可将旅游村落分为两种：一种是间接参与旅游型村落，另一种是旅游村落。间接参与旅游型村落指的是村落位于景区附近，游客并未进入村落，且没有与村落的物质空间产生直接接触，村落居民只在景区附近为游客提供旅游服务，这种方式可以在一定程度上提升村落居民的经济收入，改善村落的物质环境；旅游村落指的是将整个村落作为吸引游客前往的吸引物，游客可以在此观赏村落景观，进行住、行、玩、购、食等娱乐活动，整个村落将化身为游客进行各种游览活动的重要载体。此外，当地居民也是旅游资源中的一部分，他们将负责为游客提供讲解、食宿、导游等服务。

二、确定评估方法

传统村落景观再生的价值涉及多个方面，对其进行具体量化与综合评价的工作较为复杂，评价的标准与切入点的不同会使评价的结果各不相同，每种评价指标体系的建立都是对客观状况的主观反映。在构建传统村落景观再生价值评价机制的过程中，要克服以往传统村落景观再生价值评价机制的缺陷，积极结合传统村落景观的特征，建立科学合理的综合评价模型。

笔者在这里使用层次分析法，确定相应的评估方法。层次分析法是由美国运筹学家 Thomas L.Saaty 提出的，这种方法的特征之一就是将复杂的问题进行简化，简化成若干可视层次，并在简化后的层次上进行逐步分析，用数学语言进行主观判断。

（1）将传统村落景观再生价值划分为若干层次，组建传统村落再生价值评估的模型树，即将传统村落景观再生价值分解为六个方面，并对这六个层面的价值体系进行分层，构建传统村落价值评价体系。

（2）专家咨询法，依据既定公式计算出每个层次评估指标的比重，从而得到各评估因子排位次序与比重的结果。

（3）以 100 分为满分，以比重与排位次序的结构为依据，并依据不同比重赋予各个评价因子具体的价值，这样就可以得到基于定量分析的传统村落景观再生价值综合评价参数表格。

（4）将已经被赋值的各个评价指标划分为若干个等级，并制定每个等级评分的参照标准，建立起传统村落景观再生价值评价模型。依据评价指标的比重，赋予基本评价指标分值。

三、评价因子并分析确定各个评价因子的权重

不同的传统村落由于其建设规模、年代历史等因素，其再生价值各不相同，本书使用专家咨询法，选择不同行业的专家学者依据其自身的知识与判断各评价因子所占比重的实践经验，并以此为依据，建设评分矩阵，进而得出各评价因子的所占比重。具体计算公式为：

$$Y_i = \frac{Y_i}{\sum_{i=1}^{n} Yi} \tag{5-1}$$

式中，Y_i 为第 i 项指标所占比重；Yi 为第 i 项指标的平均值；n 为评价指标的所列项数。

由各评价因子的比重将传统村落景观再生价值的影响因素表示出来。比重高代表影响力较大，同样地，比重低代表影响力小。每一项评价因子的比重为 $0 \sim 1$，1 是评价因子的比重之和。据此，构建菏泽传统村落再生价值评价一级指标排序、位次与比重一览表，如表 5-1 所示。

表 5-1　菏泽传统村落景观再生价值评价一级指标排序、位次与比重一览表

项目	文化价值	历史价值	科学价值	艺术价值	开发利用价值	旅游价值	总比重	平局值
序号	A1	A2	A3	A4	A5	A6	1	0.166 6
比重	0.091	0.213	0.203	0.241	0.145	0.107		
位次	2	1	4	3	5	6		

菏泽传统村落景观再生价值评价二级指标排序、位次与比重一览表，如表 5-2 所示。

表5-2 菏泽传统村落景观再生价值评价二级指标排序、位次与比重一览表

评价项目	序号	比重	位次
传统村落建筑群规模	B1	0.091	1
历史脉络清晰水平	B2	0.067	5
年代久远程度	B3	0.071	3
重大历史事件	B4	0.075	2
科考价值	B5	0.047	14
教育价值	B6	0.057	6
工程技术代表性	B7	0.062	7
与自然环境适应程度	B8	0.053	10
艺术精美性	B9	0.068	4
景观奇特性	B10	0.059	9
地方特色	B11	0.061	8
客源条件	B12	0.051	11
区位条件	B13	0.046	16
村落环境容量	B14	0.048	12
基础设施水平	B15	0.034	17
村落形象	B16	0.041	15
其他	B17	0.037	13

四、建立价值评价模型

在合理选取评价因子的基础上，依据上述计算得出的各因子所占的比重，对所列因子进行赋分，赋分的合理性与科学性是评价传统村落景观再生价值的基础与保障，如表5-3所示。

表 5-3　菏泽传统村落再生价值评价模型

评价项目	评价因子	评价标准			
		A	B	C	D
文化价值	传统村落建筑规模	8	6～7	4～5	1～2
历史价值	历史脉络清晰水平	8	5～6	3～4	1～2
	年代久远程度	7	5～6	3～4	1～3
	重大历史事件	8	6～7	4～5	1～3
科学价值	科考价值	5	3～4	2	1
	教育价值	6	5	3～4	1～2
	工程技术代表性	6	5	3～4	1～2
	其他	5	3～4	2	1
艺术价值	与自然环境适应程度	5	4	3	1～2
	艺术精美性	8	5～6	3～4	1～2
	景观奇特性	8	5～6	3～4	1～2
	地方特色	6	5	3～4	1～2
开发利用价值	区位条件	6	4	3	1～2
	村落环境容量	6	4	3	1～2
旅游价值	基础设施水平	4	3	2	1
	村落形象	4	3	2	1
合计		100			

（一）传统村落建筑规模

设置此项的目的是对传统村落建筑的丰度与规模进行衡量。传统村落中历史文化价值的高低与村落建筑的规模与数量存在密切的联系。在本书制定的评价体系中，通过传统村落建筑的占地面积、体量、数量三个方面对其进行衡量。除此之外，由于传统村落景观要素构成的丰富性与复杂性，也需要参考传统村落中具备较高影响力的建筑景观，共同进行评价。具体标准为：占地面积、体量与数量三项标准比较高得 8 分，为 A 级，如菏泽前王庄村，距今已有 500 多年的历史，具有 120 幢老宅院，大部分保存完整，这一村落就可以被评为 A 级，得 8 分；数量相对较多，占地面积与体量相对较大的村落得 6～7 分，为 B 级；三项指标一般水平得 4 分或 5 分，为 C 级；占地面积、数量与规模较小得村落得 1 分或 2 分，为 D 级。

（二）历史脉络清晰水平

历史脉络涉及传统村落的建筑形制、民风民俗、节庆活动与思维方式等。传统村落对于历史文化的传承可以通过以下指标进行评估，如对当地传统建筑景观的保护与维修程度，对当地传统产业与民风民俗的传承与发展，对当地传统节日的保留与发扬程度等。具体评价标准为：以上三个方面保存且发展程度优良的得 8 分，为 A 级；以上三个方面保存与发展状态较为良好的得 5 分或 6 分，为 B 级；以上三个方面只有一项或两项保存与发展状态较好可得 3～4 分，为 C 级；三个方面保存与发展状态一般或者其中某一项已经不存在的村落得 1～2 分，为 D 级。

（三）年代久远程度

对山东省菏泽市的传统村落的相关资料进行分析，发现菏泽传统村落保留建筑具有比较久远的历史，明代与清代的传统村落较多。一般来说，传统村落建筑的再生价值会随着建造年份的年代而提升。具体的评价标准为：明朝以前的传统村落为 A 级，可以得到 7 分，如菏泽的葵堌堆村落，距今已有两千六百多年的历史，是春秋时期齐桓公多次会盟诸侯之地，这个村落就可以被评为 A 级，得 7 分；明朝前中期的传统村落为 B 级，可以得到 5～6 分；明末清初与清朝中期的传统村落为 C 级，可以得到 3～4 分；清朝末期与民国初期的传统村落为 D 级，可以得 1～2 分。

（四）重大历史事件

传统村落中发生的重大历史事件也在一定程度上提高了村落自身的历史文化价值。在历史时期发生过较大影响的历史事件，或者出现过比较著名的历史人物，对该村落的再生发展具有重大意义。具体可以通过两个指标进行评价与判定，第一是级别，即据其在历史进程中发挥作用的大小进行赋分与分级；第二是空间范围，即依据历史事件影响力的辐射范围进行评价。除此之外，名人旧居的存在也能作为评价的参考依据。具体赋分标准为：诞生过世界级、处于领袖地位的、十分重要的人物或者发生过著名历史事件的村落为A级，可以得8分；诞生过国家级或者做出过杰出贡献人员或者重大改革事件的村落为B级，可以得6～7分；省级或在经济与文化方面具有较高地位的名人为C级，可以得4～5分；地方级名人或事件为D级，可以得到1～3分。例如，菏泽葵堌堆村落，这个村落诞生过诸多名人，如春秋谋略家计然、三国时期陈王曹植、唐朝末期农民起义领袖王仙芝及明嘉靖年进士李元芳等，以重大历史事件的评价标准，该村落可以被评为A级，可以得到8分。

（五）科考价值

对传统村落的科研价值的评价，我们可以使用文物保护单位的级别来进行评判。具体的评分标准为：国家级为A级，得5分；省级为B级，得3～4分；地（市）级为C级，得2分；县级为D级，得1分。例如，菏泽庄寨村，据1963年文物工作者勘探，该村北200米处存在一个文化遗址，该遗址有两个文化层，第一个文化层为商周文化层，位于地表2.7米深处，土色为灰色，质地为沙土，遗物有饰弦纹与细绳纹的红陶片以及饰粗绳纹与细绳纹的灰陶片，从器型看有罐与鬲；第二个文化层为新石器时代晚期的龙山文化层，位于地表2.7～3米处，土色为黑灰色，质地为黏土，遗物有篮纹灰陶片与方格纹。该村落遗址在1984年被东明县政府评为"县级文物保护单位"，依据科考价值的评价标准，该村落可以得1分。

（六）教育价值

传统村落教育价值指的是人们通过学习村落中的历史文化受到的启发与教育。例如，通过参观历史遗存展览或研读一些遗存研究著作从而得到的启发，激发出内心对历史文化的热爱与热情。具体的评价标准为：具有大量历史素材的村落为A级，可以得6分；具有较多历史素材的村落为B级，可以得5分；有历史素材，但是不够丰富的村落为C级，可以得3～4分；历史题材极少或没有的村落为D级，可以得1～2分。例如，菏泽前王庄村，这里曾作为羊山战役的后方医院，刘伯承住过的庭院至今尚存，人们可以通过参观这些历史建筑，感受战争时期，我国军民一心、团结一致、奋勇向前的伟大精神。

（七）工程技术代表性

传统村落的再生价值与村落建造工程技术水平相联系。村落建筑的技术能代表当地的建造技术与建造风格，其水平越高，传统村落的再生价值就越大。主要评价因素有三个方面，即建筑的布局与形式、建筑技术、建筑材料等。具体的评价标准为：建筑能体现当地的历史文化风貌，建造技术高超，建造材料容易获得，这类村落为 A 级，可以得 6 分；建筑材料比较容易获得且技术比较高超，具有自己的特色风格，这类村落为 B 级，可以得 5 分；建筑材料比较好，但是获取有一定的难度，建造技术比较高，这类村庄为 C 级，可以得 3～4 分；建筑风格不够突出，整体不协调，建筑材料难以获得，这类村落为 D 级，可以得 1～2 分。

（八）其他

这部分内容包含较多，如地方语言、民族文化、爱国教育。这一部分所代表的传统村落再生价值与其内容的丰富程度存在密切的联系。具体的评价标准为：囊括的功能与内容在一种或者一种以下为 D 级，得 1 分；一种到三种为 C 级，得 2 分；三种到五种为 B 级，得 3 分；五种以上为 A 级，得 5 分。

（九）与自然环境适应程度

对传统村落与自然环境的适应程度进行评价，可以从以下两个方面进行：①村落的选址与村落的建筑布局和传统的防卫观念是否符合；②村落的布局与建造和当地环境是否适应。依据村落与周围自然环境适应程度进行相应评价，村落与周围环境非常适应，可以被评为 A 级，得 5 分；村落与周围环境适应良好，可以被评为 B 级或 C 级，得到 4 分或 3 分；村落与周围环境非常不适应，可以被评为 D 级，得 1 分或 2 分。

（十）艺术精美性

依据村落建筑细节与特色进行评估。具体的评分标准为：建筑数量多、装饰精致、精美度高的村落可以被评为 A 级，得 8 分；有一些建筑小品，建筑装饰比较精美的村落可以被评为 B 级，得 5～6 分；村落建筑中有少量装饰的，可以被评为 C 级，得 3～4 分；村落建筑艺术性一般或者没有艺术性的，可以被评为 D 级，得 1～2 分。

（十一）景观独特性

景观独特性主要指的是村落的文化空间、物质空间与社会空间与其他的特色村落存在一定的区别。与其他村落的差异越大，其景观独特性越高，再生价值就越大。具体的评分标准为：村落形态极具特色，充分表现出当地的历史文化，具有一定的吸引力，这类村落可以被评为A级，得8分；村落形态具有一定的特色与风格，可以被评为B级，得5～6分；村落形态存在一定的特色，但是并不是十分独特，可以被评为C级，得3～4分；村落形态没有特色，可以被评为D级，得1分或2分。

（十二）地方特色

传统村落的地方特色主要体现在建筑特色与文化特色两个方面。具体的评价标准为：文化特色与建筑特色非常明显的村落为A级，可得6分；两者比较明显的为B级，可得5分；两者中，其中一项比明显的村落为C级，可得3～4分；两者都不明显且不突出的村落为D级，可得1～2分。

（十三）区位条件

区位条件指的是传统村落可达性、所处的地理位置以及周边村落之间的竞争或互补关系。具体的评价标准为：交通条件比较差、没有竞争优势、易被取代的村落为D级，可得1～2分；交通条件一般、几乎没有竞争优势、与周围景点不存在互补关系的村落为C级，可得3分；交通便利、与周围景区存在互补关系、可进入性较高的村落为B级，可得4分；地理位置优越、交通条件很好、与周围景区存在良好的互补关系的村落为A级，可以得6分。

（十四）村落环境容量

环境容量主要指在村落可持续健康发展的条件下，传统村落的空间规模能连续维持与利用的最高程度。面积法是当前使用频率较高的一种方法，即依据传统村落游客周转率或者村落面积容量等标准进行演算。计算公式为：

$$C = \frac{S_A}{S_B} R \qquad (5-2)$$

式中 C 表示村落每天的总容量（人／天）；R 为游玩周转率（每天持续开放时间／每个游客停留的时间）；S_A 为村落可供游玩观光的总面积（平方米）；S_B 为传统村落最大的游玩密度，即每平方米的人数量（平方米／人）。

环境容量具体的评价标准可以分为四个小标准，即每天低于一千人的村落为 D 级，可得 1~2 分；村落每天可接纳人口超过一千人的可评为 C 级，可得 3 分；村落每天接纳人口超过两千人的为 B 级，可得 4 分；村落每天能接纳四千人以上的为 A 级，可得 6 分。

（十五）基础设施水平

传统村落基础设施与接待设施完善，且具备娱乐、住宿、餐饮等条件的村落为 A 级，可得 4 分；技术设施较为完善或者设施水平一般的村落可得 B 级或 C 级，可得 2~3 分；基础设施一般，且管理水平较低的村落为 D 级，可得 1 分。

（十六）村落形象

以《旅游景区质量等级管理办法》与《保护世界文化和自然遗产公约》为依据，具体评价标准为：在当地具有一定影响力或者获得过某一荣誉的村落为 D 级村落，可得 1~2 分；在 3A 级景区或省级传统村落之列的村落为 C 级，可得 3 分；在 4A 级景区或国家级传统村落名单中的村落为 B 级，可得 4 分；在 5A 级景区或世界文化遗产名录中的村落为 A 级，可得 5 分。

第六章　传统村落景观再生设计的实施策略

　　本书将"再生设计"的理论运引入传统村落景观的保护与发展研究,以景观信息链为视角,结合建筑学、规划学、生态学、景观学、人文地理学等相关学科的综合研究方法,并综合分析陕西袁家村村庄发展历史、景观元素更迭及特质等村落文化信息与景观现状。在相关理论研究基础上进一步提出传统文化村落景观保护与再生设计的策略,目的在于探索一种能够活化传统村落、构建和谐乡村人居环境和延续聚落历史景观信息的营造与更新方法,为传统村落景观的保护与发展提供有价值的参考。既尊重传统文化村落既有历史文化及景观要素,又从中提炼出适宜现代社会发展与审美的再生设计策略,进而将设计策略运用到传统文化村落景观再生设计中。

　　在"有机秩序与有机更新""拼贴城市"和"新陈代谢和共生"理论指导下,聚落的再生包含了整体协调、历史信息的修复、拼贴、重组及更新的含义。基于对现状问题的分析、再生设计内容的确定以及再生原则的总结,以河南省修武县大南坡 618 年的豫北老村景观文化复兴为例。从以下四个方面进行探讨:①村庄景观空间系统的重构;②传统村落内外功能的更新;③自然生态层面的生态修复与美学景观塑造和对老村的艺术融入,增强 618 年豫北老村的艺术气质;④历史人文形态下的文化意境再生。无论是景观结构形态的再生还是文化形态的演变,归根结底都集中在以视觉传达形态为主体的表现形式,如图 6-1 所示。

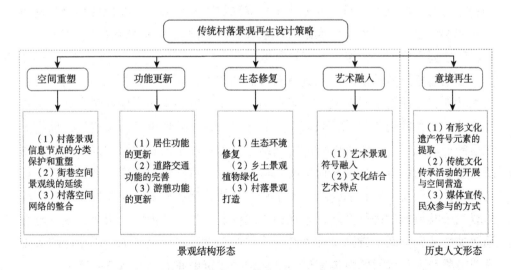

图6-1　大南坡村落文化景观再生策略

第一节　完善村落景观格局

中国传统村落是一个有机的大系统，要实现豫北老村大南坡空间的重塑，必须对村落内景观信息节点、景观廊道、景观格局、天际线等进行有效的保护、改造和更新。此种村内空间重构的举措，实质上是对景观信息点、线、面的景观格局的重塑和完善。

（1）传统村落景观信息节点的分类保护与重塑。需要根据村落内现有建筑的结构安全与外观判断进行建筑质量分类，并相应地采用保护、修缮、改造、更新和拆除五种措施进行整治。例如，大南坡的建筑整体整治的办法中，对村内的大礼堂、学校、老大队部等"村中心"虽然长时间未使用，导致内部破损较严重，但是外观保存良好的建筑进行分类保护与更新。参照文物保护要求和相关法规保护原始风貌典型且质量较好的建筑；按原有特征修缮风貌和主体结构较为完好的建筑；对于风貌和结构都比较差的建筑，首先要加固建筑的主体结构，再对屋面进行翻新，调整建筑外立面材料和色彩等，在保证传统村落整体风貌协调统一的条件下，满足村民居住条件的同时体现民族特性。梳理大南坡村落格局中建筑、古树等的实物节点。

寻找适宜发展的空间区域进行新节点的重塑，充分发挥新生节点的空间自组织功能，促使传统村落焕发出新活力。至于已濒临生命周期的危房和与历史环境冲突太大的现代建筑，采取拆除的方式，并在原地重建木构建筑，以维护村落的空间肌理；或将拆除后的空地结合村落景观规划作为绿地或公共活动场所使用。大南坡有完整的乡村空间结构和记忆，村落依山而建，老村的建筑具有多样性，保留着完整的传统村落格局和自然美感。例如，在对村大队旧部址闲置的公共建筑群进行更新，旨在为当地创造一处容纳展览、阅读、教育与店铺活动的新型空间，鼓励多种维度的当代城乡生活与价值流动，用设计的手段重新唤醒和强化乡村的集体凝聚力。从这些建筑中我们真实地感受到中原文化在数千年中流传繁衍的深厚力度，以及一代又一代大南坡人民依据它而建立起的家族与乡里的拳拳之情。村大队旧部址建筑群的改造既延续了民族文化的象征和标志性，又发挥了其本身特有的组织功能，成为居民和游客的公共活动中心空间。

（2）修武县大南坡村中的街巷道路系统与建筑有机结合，形成开敞或半开敞或封闭等相互渗透的街巷空间，构成许多绝妙的视觉景观效果。然而，随着村落用地紧张，许多村民占用道路和街巷空间自建房屋，严重破坏了村落景观信息线的连续。如何处理好现代建设与聚落环境的适应性，是再生设计的关键。

凯文·林奇在研究街巷空间可意象性时提出，城市中各具特色的部分应能够清晰地相互联系，能够按照一定的顺序逐渐被解读和理解。这种观点强调了聚落意向连续性的重要性。只有保证村落空间各要素的连接，形成整体的连续性空间，街坊肌理才不至于模糊，街巷才是可意象的。现代村落街巷空间的规划必须保留各个历史时期延续下来的结构和肌理，保持地脉，延续地志，维持村落文化景观的延续性，如图 6-2 所示。

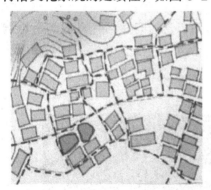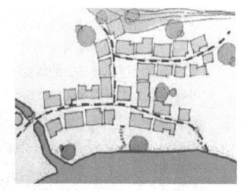

图 6-2　聚落肌理的连续性

（图片来源：作者自摄）

大南坡村的街道宽度较小，重塑必须沿袭聚落传统的空间的构图原则，传承地脉，加强空间整体感和连续感，塑造更为易读的空间意象。日本建筑师芦原义信认为，比较舒适的街道尺度与建筑高度的比例值（D/H）应为 1.5 ～ 2，而桂北聚落的街巷中这一比例大多为 0.5 ～ 1，按照理论，这样比例的空间感受应该是压抑的，但由于传统村落特殊的过渡空间减少了压抑感，使人产生内聚的安定感。某些小巷甚至更窄，这也成为大南坡街巷内聚空间的一个显著特点。在大南坡村文化景观重构过程中应注意保持这一特点，强化村的空间意象。芦原义信空间尺度分析如图 6-3 所示。

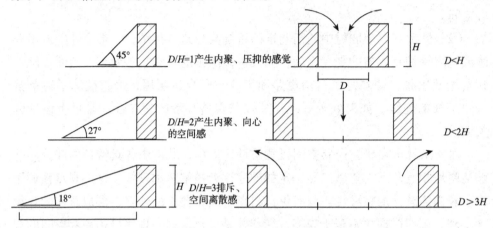

图 6-3　芦原义信空间尺度分析

（图片来源：作者自绘）

街巷空间应注意重塑其所承载的社会活动，营造有生活气息的场所。例如，将单一的交通功能逐渐转变为复合型用途的公共空间，集通行、交谈、休憩、观赏或者游行等丰富多彩的活动于一体，使之成为富有活力的交往空间。大南坡街巷尺度如图 6-4、图 6-5 所示。

图 6-4　大南坡街巷尺度 1

（图片来源：作者自摄）

图 6-5　大南坡街巷尺度 2

（图片来源：自绘、自摄）

（3）明确划定大南坡村的核心保护区、建设控制区、传统风貌村寨保护区和云台山生态环境协调区，严格控制整体格局的保护红线，以延续 618 年豫北老村的村落风水格局。明确传统村落要重点保护和保留的地块范围，提出村落适合发展的区域和方向。未来传统村落的生长需要空间，因此应当适当扩展保护范围，尤其是在新农村建设背景下建成环境增量的今天，村落格局很容易失控从而对传统的格局产生影响，这就需要在整体层面上加强引导和监控。

每一座传统村落都是在特定的自然环境和人文环境条件下形成的，具有自身独特的发展历史，形成特有的空间格局、街巷肌理、形态特征和村落文化景观风貌。对传统村落文化景观的保护与再生，必须始终坚持有机整体的观念，其中的某种文化景观类型的再生都无法代表景观风貌的整体性，只有实现景观网络的有机整合，村落文化景观才得以健康、科学、有序地向前发展，也为"现代化的乡愁"之后的亚洲乡村，开辟出另一种面貌的"修武经验"。

第二节　引领村落活力复兴

　　要再生村落的文化景观实现可持续的发展，就必须提升其综合功能，有机更新。不可否认，适当的旅游开发是传统村落活力复兴及社会主义新农村建设的一种有效途径。要实现旅游带动修武地区传统村落发展的目标，必须有效整合提升其居住功能、道路交通功能和游憩功能，在传统村落的提升改造的同时，这些公共资产给设计师很大的空间和可能性，去探索"中国的乡村重新树立集体力量和集体凝聚力"的路径，用设计的手法重新唤醒和强化乡村的集体凝聚力。

　　第一，完整地继承大南坡传统民居的功能，不同时期的居住建筑都有自己的历史记忆，适当保留老建筑，而不是简单粗暴地整拆整建，从资源利用到延续乡村建筑的文化都有重要的意义。首要解决的就是基础设施功能的提升，进一步完善传统村落的基础服务设施，以保证村民正常的生活需求，也为村民创造与当今社会接轨的人居环境，切实提高居民生活质量。在乡村建设中，建筑是基础，文化是灵魂，只有建筑的保留与更新、文脉风骨的重塑、民风民俗的传承，才能重新充实乡村结构肌理，激活乡村生活的活力，使之焕发新生。

　　第二，对于村落内外的道路功能更新，利用新能源照明技术等环保措施设置夜晚的路灯照明功能，以保证村民、游客行走的便捷性；检修村落的石板道路并及时进行修整，保证交通的通达性。

　　第三，针对适合发展旅游业的传统村落，需要注重对经济功能的提升，根据自身条件适当发展，但要防止开发过度而引起的商业化。传统村落终究是民族文化的载体，其自身有许多宝贵的文化价值，并非因为获得利益才有保护和开发的价值。在开发过程中，适度发展和建立文化创意产业等，使优厚文化资源及和谐的自然环境得以充分开发和利用。

　　传统村落文化景观最吸引人的，莫过于当地独有的特色。在更新聚落的功能时，保留传统民居的建筑形态，可将其使用功能转变为商店、餐馆、民宿或民俗展览馆等，在一定程度上满足当代文化消费的需求，以及"吃、住、行、游、购、娱"的旅游功能需求。特别是在室内设计中，应打破传统乡村因经济、社会条件造成的物质局限，在环境演进中进行转化与更新，注重利用现代设计手法与传统民居的融合，既能体现地方文化特色，又能满足外来旅客对现代生活品质的要求。在大南坡的发展愿望中，全村人员一起参与到村庄保护和环境维护中，共同改变大南坡的面貌，致使大南坡的县域美学理念深入人心，美学元素也融入大南坡的方方面面。

第三节　优化村落景观环境

生态景观环境的打造可以提高传统村落空间的质量，为外部活动营造适应的空间，满足审美需求和丰富空间内涵。自然生态的修复涉及景观生态系统结构，也关联生物多样性的保护，是村落文化景观恢复与再生的重要支撑。要评定一个传统村落的生态环境质量等级，可参照我国环境保护行业标准的相关评定技术规定，对生物丰富度、植被覆盖、水网密度及环境质量指数等进行定量分析。保护传统村落文化景观的生态系统，适当拓展保护范围，划定核心的资源保护红线和生态环境保护红线，并根据村落实际情况有针对性地提出管控策略和措施。

中原腹地华夏文明的发源地，河南从古至今都是"天下至中的原野"，持有华夏文明的样貌与品格，也造就了修武县"文化大县"的称号。公元前1046年武王伐纣，路遇大雨而驻扎修兵练武，故名"修武"。从此修武县就没改过名字，是被联合国与中国民政部联合授予的"千年古县"。孔子在此周游问礼，"竹林七贤"在此隐居游学，药王孙思邈在此采药行医，当阳峪在宋代被称为"北方瓷都"……至今尚有中国历史文化名村2个，国家级传统村落6个，省级传统村落10个。曾几何时，修武也风光地"融入"城市化与工业化。皆因本地矿产资源丰富，煤炭、铁矿、铝土矿、黏土矿、高岭土等资源储量大、品质优，曾是远近闻名的"矿产大县"，富裕之地。20世纪90年代末起，修武县大力发展旅游业，短短十多年间，便将云台山从一个区域性普通小景区发展成为河南第一、全国前列的大景区，创造了旅游行业的"云台山模式"。

修武县拥有丰富的乡土植物和土壤条件，要优化传统村落的景观环境，可引入乡土植物栽种搭配，通过不同的植物形象塑造修武县地区具有特色的景观，如杨树、柿树、泡桐树、核桃树、山楂树等（表 6-1）。修武县虽拥有众多具备观赏价值和药用价值的乡土植物，但在大南坡村落景观的应用上却并不突出。乡土植物与村落景观的结合，使其特性更能在古朴的传统建筑中散发出来，从而使传统村落更加生动且富有灵性。也可在民居房前屋后种植花草树木或引入生产性景观元素，配植瓜果蔬菜等农作物让当地居民自发性地加以维护，成就大南坡多样化的生态环境与良好的自然景观。

表 6-1　修武县地区具有开发价值的树种资源

种类	形态及观赏特征	习性	景观运用
杨树	杨树是杨属的植物，树干通常端直；树皮光滑或纵裂，常为灰白色。主要分布于华中、华北、西北、东北等广阔地区	杨树是散生在北半球温带和寒温带的森林树种	杨树作为道路绿化，园林景观用也是一个非常优秀的树种。其特点是高大雄伟、整齐标志、迅速成林，能防风沙，吸收废气
柿树	柿树是柿科、柿属落叶大乔木。通常高达 10～14 米，树皮深灰色至灰黑色，或者黄灰褐色至褐色；果形有球形、扁球形等；花期 5～6 月，果期 9～10 月	柿树是深根性树种，又是阳性树种，喜温暖气候，充足阳光和深厚、肥沃、湿润、排水良好的土壤	在绿化方面，柿树寿命长，可达 300 年以上，叶大荫浓，秋末冬初，霜叶染成红色，冬月，落叶后，柿实殷红不落，一树满挂累累红果，增添优美景色，是优良的风景树
泡桐树	落叶乔木，但在热带为常绿，树冠圆锥形，花序为聚伞圆锥形，花具柄，花萼肉质，倒圆锥状或钟状，花冠大，紫色或白色	阳性树种，最适宜生长于排水良好、土层深厚、通气性好的沙壤土或砂砾土，喜土壤湿润肥沃	具有一定的药用价值和经济效益，可做行道树，也可孤植树

续表

种类	形态及观赏特征	习性	景观运用
核桃树	落叶乔木，高达20～25米；树干较别的种类矮，树冠广阔；树皮幼时灰绿色，老时则灰白色而纵向浅裂；花期5月，果期10月	核桃树适应于土壤深厚、疏松、肥沃、湿润、气候温暖凉爽的生态环境	种仁含油量高，可生食，也可榨油食用；木材坚实，是很好的硬木材料。核桃树也是景观树种
山楂树	蔷薇科山楂属落叶小乔木。山楂果果深红色，近球形，花期5～6月，果期9～10月	山楂树喜凉爽，爱湿润，耐寒也耐高温，喜光也耐阴，喜欢荒坡野洼，常跟梨树做邻居	山楂是我国特有的药果兼用树种，可做园林、庭院树种，也可孤植或片植

　　生态功能的提升，重点是保护传统村落的山水空间格局，防止周围的林地、农田被蚕食，改善村落的卫生环境。如可在传统村落中铺设污水收集管道，建立工艺生活污水处理站和生活垃圾收集站，以专项基金进行工作人员的调配，把生活污水和日常垃圾进行集中处理，防止水体被污染。这些措施将极大地改善当地村民的生产、生活环境，使传统村落文化景观得到科学的保护与再生。

第四节　增强村落艺术气质

　　修武县在2006年被联合国地名专家组中国分部授予"千年古县"称号，被列入中国地名遗产保护之列，2016年修武县委、县政府探索"县域美学"的发展道路，在不断聚合当地历史与文化资源的情境下，"大南坡计划"应运而生。如今的大南坡是"县域美学"的探索，令人看到广袤中国的另一种希望，是修武县人民智慧的结晶，是修武县悠久历史文化沉淀的外在表现形态，具体如依山而建的村落、保留完整的传统村落、大礼堂、大队部办公建筑、粮库和供销社、古树、矿坑甚至村落的整体景观规划布局等都构成了大南坡地区古传统村落艺术价值研究的物质实体。

修武县是儒家文化创始人孔子的问礼之地、东汉末代皇帝刘协的谪居之地、中国山水园林文化鼻祖"竹林七贤"的隐居之地、唐代药王孙思邈的行医之地、百代文宗韩愈的出生之地、宋代名瓷绞胎瓷的发源之地。以上种种造就了独具特色的地域文化，无不体现修武千年古县的山川、物产、工艺和风度。

在乡村振兴政策下，云台山下的修武县展现的"县域美学"，以"乡村振兴、美学路径"为主线，串联起四大美学阵地，看南坡美学、逛云上院子、品沙墙党建、学孙窑文创。

第五节　赋予村落场所精神

在漫长的历史长河中，修武县地区积淀了深厚的文化内涵和丰富多样的民俗生活，形成了大南坡传统村落场所环境中独特的气质。全球化发展背景下，外来文化强烈地冲击着本土文化，也在城市化进程高度运转的当下选择回归农村，聚焦乡村建设，是一种重新审视社会发展的选择，也是重启田园文明、唤醒文化乡愁的重要方式。大南坡中原腹地的地域文化遗产活态传承成为重中之重，文化意境的再生需要通过多种途径来进行。

我国是"集家成乡，集乡成国"的国家，在我国"从南到北、从平原到山地"的广袤丰富的村落地图上，理应让人们阅读到生机盎然、与当地绵延的传统有关的乡村社会全景图，而非整齐划一、千村一面的固态化建设形态。用设计的美感和灵性发起村庄的"自我重塑"，充分挖掘特色民族文化价值，对民族有形文化遗产符号、元素等进行再创造、再开发。每个传统村落都有自己的特色，而设计一套专属于村落品牌的视觉形象和导视识别系统是非常有必要的。通过村落品牌形象的建立和设计，可以更好地传播传统村落文化，恢复文化保育的理念，让更多人关注和熟知。这些文化挖掘和元素提取的工作必须是在充分了解当地人文环境以及民族文化的前提下进行的。

传统村落越来越受到关注，相较于拥挤的城市，古朴静谧的村落成为许多人外出旅行的首选地。从旅游行为心理学上来说，吸引现代都市人到传统村落旅行的原因主要在于逃避现代化城市快节奏压力下所产生的紧张感、麻木感，从而选择一个能使之感觉快乐、安全的场所，一个可以暂时慰藉心灵的港湾，这样的景观便是那些具有浓郁生活气息和深厚文化底蕴的古老聚落空间。因此，对传统村落空间进行规划与再生设计时，从多角度考虑旅游行为也针对传统村落空间设计采取不同的策略，以保障村落旅游的永续发展。结合传统村落旅游发展，有效地传承村落传统文化的精髓。

对大南坡村文化意境的再生，修武县委、县政府探索"县域美学"的发展道路以来，在不断聚合当地历史与文化资源的情境下，"大南坡计划"应运而生。大南坡是太行山脚下普普通通的村庄，云台山的滋养和豫北大地的馈赠，让它拥有了挖掘不尽的历史底蕴，地方政府、文化职能部门等要鼓励基层民众积极开展传统文化传承活动，使乡民重拾故乡荣誉感、归属感，"留住乡愁"。"大南坡计划"以河南修武县西村大南坡村为基地，涵盖美学实践、文化发掘、社会美育、自然教育、地方营造、建筑景观以及展览出版、产品与空间创新等多项内容。地区传统民俗的复兴是象征着文化记忆与地方认同的文化乡愁叙事，文化乡愁叙事又是传统民俗复兴的精神内核与助推动力。对乡愁的解读，有学者将其分为三个层次：一是对亲友或同胞的思念；二是对故园情景、山河和旧时风景的怀念；三是对作为安身立命根本之历史文化的深情眷恋。其中，这第三层次是最深层的，也体现了人们对传统文化的恋旧情结。越是濒临消失的非物质文化遗产，就越要引起高度重视，通过多种途径实现对传统村落的文化意境的再生。修武县的"县域美学"，贯彻"传承和弘扬中华美学精神"，做好美育工作的要求，从山水之美、党建之美，到建筑美学、工业美学，再到乡村美学、农产品美学、营销美学等，多年坚持下来，修武的美学思想已经深入民心，美学经济已结出硕果。修武"县域美学"的核心思想，便是这唤醒众生、万物的自信，和向上生长的内生力量。

此外，还可通过媒体宣传、民众参与等方式传达，使更多人关注到修武地区独特的传统村落文化意境。结合旅游节庆举办民俗活动，设置公众参与民俗体验活动，使村落人文内涵得到有效的发展和延续。但需要注意的是，村落传统文化活动的开展和传播始终要坚持景观真实性与完整性。这既是体现文化遗产传承人类文明、反映自然演化的根本保证，也是实现当地人与子孙后代平等地享有遗产价值原貌知情权的唯一正确选择。保持淳朴的原真性，杜绝开发中的民族类非物质景观资源的舞台化和虚伪化传播方式。修武"县域美学"的探索，令人看到广袤中国的另一种希望，愿这种希望燎原中国！愿"回归"和"崛起""改革"路线一样，被世人理解、重视，而成为真正的时代主流。

本章作为解决研究问题的章节，首先从物质文化与非物质文化价值的总结强调了对村落文化景观保护的重要性，进而明确村落文化景观再生的设计内容，主要包括文化再生、生态再生、景观再生以及聚落空间的有机整合，基于对具体问题和再生设计内容的分析上，提出了文化主导原则、动态性原则、延续性原则和有机整体原则，最后重点是对再生设计策略的详细探讨。从村落文化品牌树立、非物质文化遗产的活态传承和公众参与等形式进行村落文化意境的再生，防止生态污染与营造景观环境，修复村落生态环境，优化村落景观环境，对村落综合功能进行提升与更新，以满足多方需求，复兴传统村落的活力，整合、重塑聚落空间，保证村落文化景观信息要素的连接，完善村落的景观格局。聚落文化景观作为一个综合体，是各个历史时期不断叠加演变的结果，因而必须以有机整体的观念对其进行保护与再生，实现可持续发展。

第七章 菏泽葵堌堆村景观再生设计成果

第一节　葵堌堆村景观历史与文化调研

一、村落历史演变

葵堌堆村位于山东省菏泽市鄄城县旧城镇境内，地处黄河下游平原，西侧紧邻黄河大堤。葵堌堆也称"葵丘""会台"，古时平面呈圆形，其上建有寺院。《濮州志·古迹考》记载："会台在州东南二十五里。"春秋时期三次大规模的会盟活动都在此进行。经勘探表明，地表下3米为淤积层，3米以下为文化层，共包含龙山文化、商文化、周文化和汉文化四个时期的遗存。清咸丰五年，黄河决口改道之后，葵堌堆紧邻河道，古建筑被冲毁，遗址也被深埋在地下。

葵堌堆村毗邻黄河大堤，全村共有420户，1 592人，原来是一个无经营收入、无集体资产、无集体土地的"三无村"，主要种植小麦、玉米，村里没有柏油路，晴天尘土飞扬、雨天泥泞难行；没有一条水渠，守着黄河却浇不上水。2015年精准识别贫困户78户，176人，是省定贫困村，到2018年年底已全部脱贫。2017年被评为省级美丽乡村示范点、市级文明乡村、山东大学学生社会实践基地、乡村振兴培训基地，并被列入全省十条精品旅游线路之一。2019年被评为菏泽市特色生态休闲村、"国家森林乡村"，并且成功通过了山东省第一批乡村振兴"十百千"工程示范村的验收。如今的葵堌堆村，村内各项事业蓬勃发展，村风村貌有了较大改观，村民人均收入达到1.1万元，一举摘掉贫困帽子，走出了一条具有地方特色的乡村振兴"葵丘模式"。

二、村落文化调研

（一）乡土文化

黄河中下游山东地区典型民间信仰、传统手工艺、宗族祭祀、婚丧嫁娶、民俗文化以及节日活动。菏泽牡丹文化、水浒文化、面塑文化、戏曲文化、武术文化、皮影文化、黄河下游区域文化、尧舜文化和蚩尤文化等历史文化,乡土文化建设有助于全方位、多角度地展示乡村文化,增强村民集体荣誉感,重塑乡村活力;展示乡村独特的精神风貌,增强投资魅力,带动旅游消费,鼓励乡二代返乡创业。丰富的内容墙绘、形式各样的绘画,展现出村民勤劳朴实的精神面貌,既增添了文化元素,又美化了周边环境,可以起到吸引游客、改善村容村貌、提升乡村景观、丰富旅游内容的作用,并在潜移默化中弘扬了传统文化,推动了乡村文化的建设。

居住习惯多户聚居为村,小村几十户,大村数百户,各户自成院落。以堂屋(北屋)为正房,东西屋为配房,长辈住堂屋,晚辈住配房。堂屋多以 3 间为一座。旧时贫者住土棚,富者住瓦房。黄河滩区为避水患,还建有"墙倒屋不塌"的砖垛支柱房,此种房在历史上的黄河涨大水时发挥了较大优势,是黄河滩区人民抗御水灾的一种创造性建筑。

葵堌堆村新旧建筑形制如图 7-1、图 7-2 所示。

图 7-1 葵堌堆村新旧建筑形制

(图片来源:作者自摄)

图 7-2　葵堌堆村新旧建筑形制对比

（图片来源：作者自摄）

（二）历史遗存

　　葵堌堆遗址位于旧城镇葵堌堆村，西临黄河，春秋时期齐桓公曾在此与诸侯多次会盟。清咸丰五年，黄河决口改道之后，葵堌堆紧邻河道，古建筑被冲毁，遗址也被深埋在地下，古会也转移到了旧城，现仅存汉白玉柱杵一尊，明正统十二年（1447 年）重修塔院寺庙碑一截。文物部门于 1980 年对葵堌堆古遗址进行了调查分析，根据勘探得知，葵堌堆古遗址包含龙山文化、时商文化、周文化和汉文化四个时期的遗存。1995 年县文物管理所竖立了"葵丘堌堆塔院寺古遗址"石碑。2015 年，鄄城县旧城镇的葵堌堆遗址入选了山东省第五批省级文物保护单位。葵堌堆遗址历史遗存如图 7-3、图 7-4所示。

图 7-3　葵坵堆遗址历史遗存 1

（图片来源：作者自摄）

图 7-4　葵坵堆遗址历史遗存 2

（图片来源：作者自摄）

第二节 葵堌堆村景观发展状况

一、村落景观信息面

在充分征求群众意愿的前提下，葵堌堆村制定了村庄道路修建规划。争取省市资金 70 多万元，新修村内两横三纵主要道路 9.5 千米，并抓住全市农村"户户通"硬化工作的机遇，动员村民全参与，一举实现进村柏油路，街巷全硬化。现状道路体系较完善，基本保持传统空间肌理，道路形态自然生动。街道空间尤其近几年美丽乡村建设，粉刷沿街围墙，饰以主题墙画，街道风貌、绿化配置过于单一，缺乏乡土特色，重要空间节点设计不足，需要加大力度进行面貌提升。

葵堌堆村道路实际发展情况如图 7-5、图 7-6 所示。

图 7-5 葵堌堆道路现状 1

（图片来源：作者自摄）

图 7-6　葵堌堆道路现状 2

（图片来源：作者自摄）

二、结构与肌理

村庄肌理可抽象成三个基本要素：概念要素（文化基因等）、形态要素（骨架、基本形及群体、标志物）和关系要素。三个要素之间是辩证统一的关系，在不同的时间、不同的地域、不同的村落中有着不同的侧重点。但是村落是一个复杂生态系统，村庄肌理的构成分析不能简单地运用这些抽象的概念，而是要建立在物质实体之上。

村庄肌理布局一般分为散点式、街巷式、组团式、条纹式、图案式五种。葵堌堆村则属于其中的街巷式肌理布局结构。街巷式村庄肌理是一种最主要的村庄布局形态，适应于用地较平坦的村庄，并常见于大村庄。村庄肌理系统是自然与人文的生态结合体，两者密不可分，突出反映了中国传统的人文观与自然观。村庄肌理的整体秩序主要反映在"天人合一"的调控中，而有机性主要表现在肌理模式的连贯性、模式符号的持续性更新以及各类空间所附着的信息的完整性、多样性和联系性。

葵堌堆村的空间形态都是村民顺应自然，根据现有条件积极创造的结果。自然环境、居住群体的共同价值观，使村庄肌理的形成带有典型的自发性。村庄因为它的历史特性和传统性，形成了血缘群体和左邻右舍守望相助的地缘群体，各种文化的叠加、街巷水网的骨架网格、区域界面的有机拼贴等都赋予了村庄肌理丰富的美学内涵。

三、自然景观元素

葵堌堆村距离黄河岸边约 2 千米。黄河下游水流缓，视野开阔，黄河岸边特有的沙坡、毛石护坡、防护林以及停泊的渡船，勾画出一幅优美的黄河风景。村内树木茂盛，院落与树木共生，为村庄提供了良好的自然景观资源。

四、人文景观元素

这里地处黄河下游，此村西南今有古地名临濮，古有濮水在此地流经，河水流经之处，多无堤防，呈多道主流之状，漫无边际地滚动，低洼处并积水成湖，多洼地，多沼泽。在古代，季节性洪水把人们的生命、财产毁于一旦，但我们的祖先不会甘于受大自然的摆布，他们一次一次运用自己的聪明才智和大自然做斗争，而适应改造着他们脚下的这块土地。千百年来，并随水患淤积，而逐次夯土增高，渐渐形成了这些高达数米、形若山丘的"堌堆遗址"，也就是我们俗称的"堌堆"。当地人也称村台，是人们躲避水患的安全岛，更像西方传说中的"诺亚方舟"，因堆土艰辛不易，这种村台面积多不大。但当年选择此地作为会盟之地，足见"葵丘堌堆"从面积上说是个特例。

今村民仍可记得葵丘堌堆原来十分高大，平面呈圆形，即是葵丘，其上建有寺院。堌堆之上，既是民众聚居之地，又是民众聚会议事之地，因此也称会盟台。随着历史变迁，这些"堌堆"渐渐失去了它的功用。后来村民垒院建屋，凭"堌堆"取土之便，变作房土，原"土丘"也渐渐泯灭于如平地也。

走进古村落，早已不见当年的部族纷扰、群雄争霸，却见今洋溢着现代气息的现代村居。因为黄河泛滥原因，古迹已淹没地下。当年应该是防水患夯土为台（丘），但整个古村地势现在并不显得突兀。葵丘遗址在村西，濒临的黄河大堤，距其不到100米，今已定为省级文物保护单位。

五、村落建筑元素

葵堌堆村建筑材料主要以红砖为主，建筑形式以坡屋顶为主，一般建筑层数为一层，而内部结构和装饰则用木材。葵堌堆村落内建筑墙体厚实，以两层红砖的宽度垒建而成，其门窗体量小。建筑单体一般在院子内侧开窗较大，院外窗户相对来说较小。瓦房和门楼脊上均有饰物，如屋脊两端饰以兽头，脊中央饰以宝瓶或钢叉旗，两边分列海马、鲤鱼、狮子等饰物，屋脊造型多为"透花脊"。大门造型多为起脊门楼。贫者则因陋就简，以墙豁柴扇为大门。中华人民共和国成立后，人民生活水平提高，瓦房逐年增多，凡新建房屋均为砖、瓦、木石、水泥结构，如图7-7所示。

图 7-7　葵堌堆村建筑元素提炼

（图片来源：作者整理及自摄）

　　根据建筑风格、材料、质量等情况对其进行综合评价，将建筑分为 A、B、C、D 四种类型。建筑质量良莠不齐，部分老宅出现衰败现象。目前，村庄内建筑的形式大致分为四种情况：第一种是地方特色突出，质量较好、生土或砖混结构的建筑；第二种是局部保留地方传统特色或砖混结构为主的建筑；第三种是仅保留少量传统元素新建或完全新建的建筑；第四种是闲置农宅等综合条件较差的建筑，如图 7-8 所示。

图 7-8　村内建筑的四种形式

（图片来源：作者自摄）

第三节　葵堌堆村景观再生设计成果展示

一、设计愿景

　　运用景观再生设计策略，村庄规划以生产、生态、生活为核心，提升地方人居生存质量，给百姓带来福祉，并促进黄河沿线乡村复兴全面提升，打造城乡共荣的和谐局面。以乡村基础建设为根本，大力弘扬淳朴乡土文化，集中展示多彩民间文化，积极传承地域文化遗产，重振乡村文化魅力；以乡村资源特色为依托，重组乡村治理结构，尊重和发挥农民的主体作用，构建价值共享的乡村社会共同体，打造自治有序的和谐乡村；重塑乡村空间载体，修复聚落生态环境，延续村落传统肌理，实现乡土原真的宜居家园。同时，建立葵埚堆村品牌知名度，围绕生产、生态、生活，打造当代新乡土风格美丽乡村，实现"乡村振兴"。

二、设计主题

以"遗址风貌再生，绿色美好家园"为设计主题，打造一个集经济与自然生态的美丽乡村模式，使葵埚堆村遗址文化回归传统乡土的自然风貌特点，充分利用当代设计理念，改造村落中的绿色公共空间，充分利用所有空余土地来种植果树或者进行太阳能发电等，从而改善人居空间品质，打造特色庄园经济发展形式。在乡村规划层面，加强对于公共服务设施、公共空间以及道路的卫生条件，村政府应该带领村民开发一系列乡村旅游活动，共同创造乡村的绿色条件，进而提升乡村治理水平。

三、空间关系

葵埚堆村村落规划按照保护为主、兼顾发展，尊重传统、活态传承，符合实际、农民主体的原则，在不改变街道空间尺度和风貌的情况下，提出村庄肌理细胞（传统建筑）在提升建筑安全、居住舒适性等方面的引导措施；提出村落村庄肌理脉络（道路、水域等）规划、交通组织及管理措施。延续历史传统，突出乡土特色，保护文物古迹，运用地方建筑材料保护更新街巷系统、传统宅院建筑布局，丰富村庄的公共空间体系，尊重民俗、宗教与文化。传统宅院建筑一般布局不够紧凑，新的宅院应注意处理好功能与用地之间的关系，采用传统建筑风格和材料，建筑群的空间组合应延续传统村落肌理。

设计方法主要通过小规模渐进式改造建设，在原来村落的基址空间关系上，选择重点片区分期开展：整体策划，突出重点，多点协同，文化干预，风貌引导，建管并进。

四、景观结构

在充分考虑村庄现状及景观要素分布的基础上，我们把葵埚堆村景观格局定义为一轴五区。一轴为文化景观体验轴；五区分别是会盟遗址展示区、传统文化启动区、民宿样板体验区、生态湿地游玩区和游客服务接待区。一轴串联五个区域，形成一道极具文化价值、观赏价值、体验价值的村落景观街区。

葵堌堆村景观结构如图 7-9 所示。

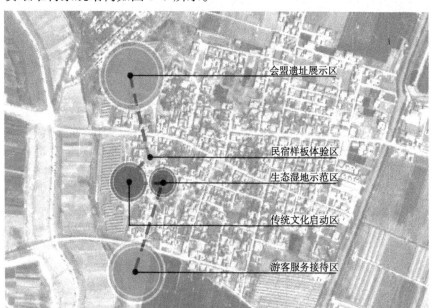

图 7-9　葵堌堆村景观结构

（图片来源：作者自绘）

五、景观节点

根据以上规划及确定的景观格局，运用再生设计策略，对重点五个景观区域进行分区设计。

（一）会盟遗址展示区

会盟遗址展示区设计主要运用空间重塑，完善与修复遗址景观；使意境再生，赋予村落遗址文化场所精神的设计策略；空间关系采用以南、东两个入口，景观节点自由布局的形式来设计。南入口为主入口，东入口为次入口，包含泮宫、塔院寺、葵丘书院、葵丘行馆、大河记忆馆、会盟台、华胥苑、环形剧场、葵丘花海、诗经耕读十个景观节点。其中，七个为文化建筑，展示传统建筑文化；三个为休闲场地，寓教于乐。

会盟遗址展示区设计如图 7-10 ～图 7-13 所示。

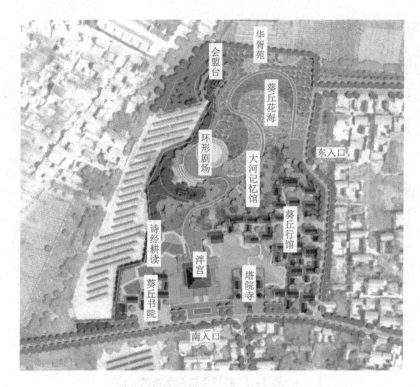

图 7-10　会盟遗址展示区平面展示

（图片来源：作者自绘）

图 7-11　会盟遗址展示区——葵丘书院

（图片来源：作者自绘）

图 7-12 会盟遗址展示区——大河记忆馆

（图片来源：设计团队文本）

图 7-13 会盟遗址展示区——葵丘花海

（图片来源：作者自绘）

（二）传统文化启动区

整个区域分为四部分，分别为乡村文创中心、新乡土工作营地、村史记忆馆、民俗聚落。

改造策略有所不同，乡村文创中心通过玻璃连廊将两栋独立建筑串联起来，前部增加花砖围墙形成前院，改造成两进院落，增加体验空间，同时达到和村落肌理协调的效果。新乡土工作营地利用前部空地增加院落，为营地打造室外活动空间，同时协调整个村落合院的风貌。村史记忆馆以黄河畔毛石为主要建材，配以耐候钢板、混凝土，凸显历史的厚重与沧桑，打造现代风格新乡土建筑。民俗聚落拆除影响空间的自建房，外部增设廊架，将聚落串联起来，通过本身围合的院落创作不同主题的民俗文化体验空间。

葵堌堆村传统文化启动区设计如图7-14～图7-19所示。

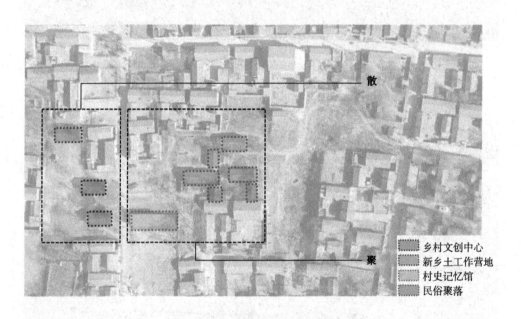

散

聚

▨ 乡村文创中心
▨ 新乡土工作营地
▨ 村史记忆馆
▨ 民俗聚落

图7-14　传统文化启动区平面展示

（图片来源：作者自绘）

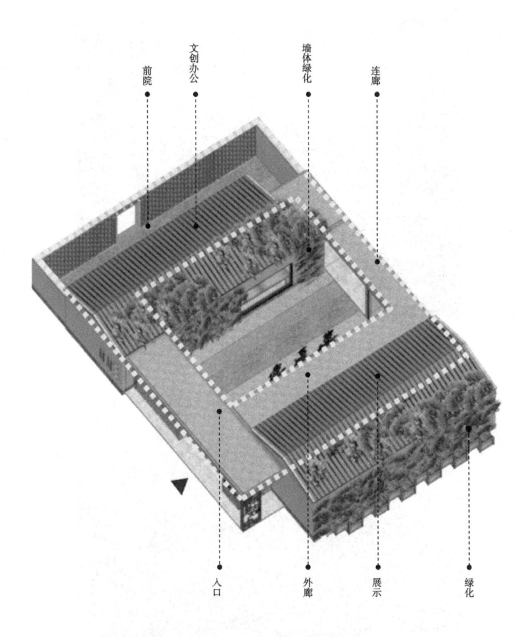

前院　文创办公　墙体绿化　连廊

入口　外廊　展示　绿化

图7-15　乡村文创中心轴测

（图片来源：作者自绘）

图 7-16　乡村文创中心主入口

（图片来源：作者自绘）

图 7-17　新乡土工作营地

（图片来源：作者自绘）

图 7-18　村史记忆馆

（图片来源：作者自绘）

图 7-19　传统工艺效果

（图片来源：作者自绘）

（三）民宿样板体验区

拆除影响空间的自建房，打通两处院子，在两栋正房之间新建玻璃共享茶室实现内部联通，正房前新建两处小书房，院落南侧靠围墙新建共享书吧，外部空地种植树林，为民宿提供良好的景观和安静的氛围。

民宿样板体验区设计如图 7-20～图 7-22 所示。

■ 拆除部分 ■ 增加部分 ■ 加种树林 改造后

图 7-20　民宿改造前后对比

（图片来源：设计团队文本）

改造前

图 7-21　民宿样板外

（图片来源：作者自绘）

图 7-22 院落效果

（图片来源：作者自绘）

（四）生态湿地游玩区

湿地计划引黄河水入村，利用当代水体净化设计，营造乡土湿地景观。此处场地的低洼处，与村庄相邻，设计采取随行就势乡土设计原则，创造缓坡入水，毛石驳岸，生物多样性培育等多种生态水设计理念，同时湿地与村落民居相邻，为文化公共空间创造景观视野。生态湿地示范区空间为自然式形状，主要节点依次为滨水茶室、古树保留、亲水平台和入水草坪，可作为生态环保的休憩一角。

生态湿地游玩区设计如图 7-23 ～图 7-26 所示。

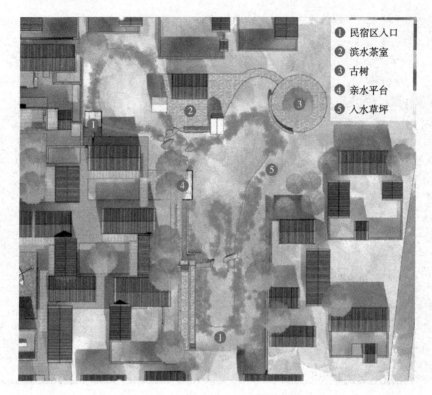

图7-23 生态湿地游玩区平面展示

（图片来源：作者自绘）

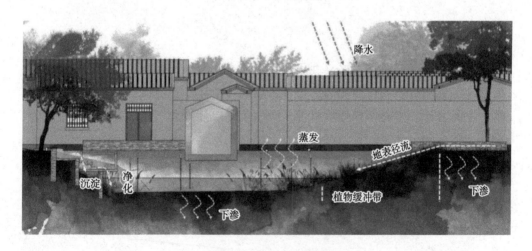

图7-24 剖面与水循环

（图片来源：作者自绘）

图 7-25　亲水平台与古树对望

（图片来源：作者自绘）

图 7-26　湿地景观

（图片来源：作者自绘）

（五）游客服务接待区

村主要入口将考虑从黄河大堤引流的人群，因此将原村内临时餐饮点改造为游客接待中心，并计划设置林荫停车场、游客接待大厅、餐饮、茶座等功能，结合垂钓园休闲水体景观，给游客提供高品质服务功能。

游客服务接待区设计如图 7-27～图 7-29 所示。

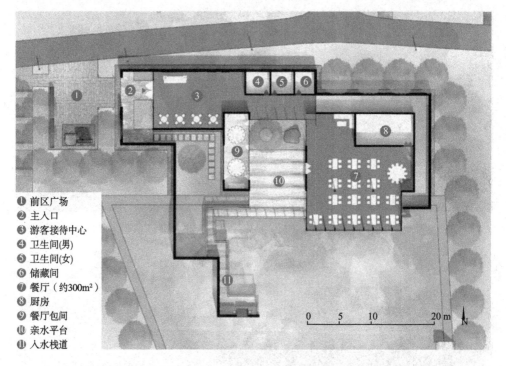

❶ 前区广场
❷ 主入口
❸ 游客接待中心
❹ 卫生间(男)
❺ 卫生间(女)
❻ 储藏间
❼ 餐厅（约300m²）
❽ 厨房
❾ 餐厅包间
❿ 亲水平台
⓫ 入水栈道

图 7-27　游客服务区平面展示

（图片来源：作者自绘）

图 7-28　建筑与水

（图片来源：作者自绘）

图 7-29　南侧立面

（图片来源：作者自绘）

第八章　菏泽王乐田村景观再生设计成果

第一节　王乐田村景观历史与文化调研

王乐田村始建于明朝初年，山西省洪洞县王乐田兄弟及宋氏、何氏迁居于此。后经勤耕细作，农作物收成较好，人们过上了平安康乐的日子，村落就命名为王乐田。

唐朝初期，此地设有驿站，旁建有隆兴寺，它是唐朝临济义玄大师出家的道场。义玄（787—867），俗姓邢，今山东曹县邢寨人，少年出家，云游四方，后住真定（今河北正定）临济院，是中国禅宗五大宗派中最著名的临济宗的创始人。

明朝洪武二年（1369年），曹州治所迁盘石镇后，建塔称新驿塔。据当地老人讲，新驿塔在隆兴寺门前，塔与寺共占地面积约几百亩，虽然已记不清新驿塔有多少层，但它的巍峨、高大、宏伟、气派给人留下了深刻的印象。隆兴寺是一座佛家寺院，它的建筑规模之大、佛像之多在当时是少有的。隆兴寺兴盛时期，每逢农历初一、十五，周围众多信徒都前来念经；岁旦圣节，官吏司仪也来此烧香拜佛，场面非常热闹。后来建了驿塔，更为隆兴寺增添了人气，新驿塔附近渐渐形成了丝绸交易场所，商贾往来频繁。后由于自然灾害等原因，塔和寺院都已湮灭。近几年，为挖掘传统佛教文化，通过募捐，在其遗址上又重建佛寺，仍名为"隆兴寺"，并成立了佛教协会，由协会负责寺院管理和组织庙会的活动。随着寺院的开发，此地将成为人们休闲、观光、旅游的胜地。

第二节　王乐田村景观发展状况

一、村落结构肌理

湘江西路交通廊道自西向东从王乐田村穿过，两条村庄内部道路，这三条东西向的道路将王乐田村分成了四个片区。其中一条村内中心街是主要的交通通道，村域主要的车流和人流方向为东西向。

王乐田村村落结构肌理如图 8-1 所示，王乐田村主要交通道路如图 8-2 所示。

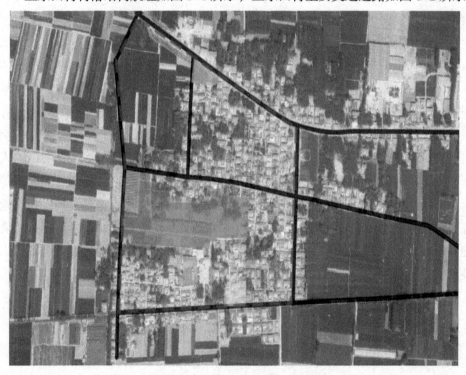

图 8-1　王乐田村村落结构肌理

（图片来源：作者自绘）

主要交通道路　　　　　　　主要人行道路

图8-2　王乐田村主要交通道路

（图片来源：作者自绘）

王乐田村位于镇域南部，北侧有一条湘江西路紧邻村庄，是王乐田村对外的主要道路。王乐田村主要交通道路详细情况如图8-3～图8-5所示。

图8-3　王乐田村主要交通道路详细情况1

（图片来源：作者自摄）

图8-4　王乐田村主要交通道路详细情况2

（图片来源：作者自摄）

图8-5　王乐田村主要交通道路详细情况3

（图片来源：作者自摄）

　　王乐田村内路网整体呈网格状分布，现已形成"三横、一纵"路网格局。三横：村庄三条东西向主路；一纵：村庄的一条南北向主路。王乐田村主要道路宽度 6～7 米，次要道路宽度 3～4 米，宅间路 2～3 米。王乐田村内路网详细情况如图 8-6～图 8-8 所示。

图 8-6　王乐田村内路网详细情况 1

（图片来源：作者自摄）

图 8-7　王乐田村内路网详细情况 2

（图片来源：作者自摄）

图 8-8　王乐田村内路网详细情况 3

（图片来源：作者自摄）

　　王乐田村内道路质量整体较好，但传统居住区内也存在石板路磨损严重，摩擦力不足和局部道路两侧绿化杂乱，以及杂物乱堆乱放的现象。

　　王乐田村内道路质量详细状况如图 8-9～图 8-11 所示。

图 8-9　王乐田村内道路质量详细状况 1

（图片来源：作者自摄）

图 8-10 王乐田村内道路质量详细状况 2

（图片来源：作者自摄）

图 8-11 王乐田村内道路质量详细状况 3

（图片来源：作者自摄）

二、自然景观元素

树枝藤蔓作为乡村最常见的植物组成，有着乡村最质朴的特点，错落有致的植物群落也最有自然风范，衬托出景色的魅力。朴素幽静是田园乡村的美好体现，乡村里大多数土地上和田间地头大量种树，与季节性的农作物一起构成一幅动人的田园景象。

王乐田村自然景观元素如图 8-12～图 8-17 所示。

图 8-12　王乐田村自然景观元素 1

（图片来源：作者自摄）

图 8-13　王乐田村自然景观元素 2

（图片来源：作者自摄）

图 8-14 王乐田村自然景观元素 3

（图片来源：作者自摄）

图 8-15 王乐田村自然景观元素 4

（图片来源：作者自摄）

图 8-16　王乐田村自然景观元素 5

（图片来源：作者自摄）

图 8-17　王乐田村自然景观元素 6

（图片来源：作者自摄）

三、人文景观元素

隆兴寺坐落于曹县办事处王乐田村东部，周围由农宅、道路、田地所组成，寺门朝东，正对王乐田村的村庄用地，寺庙背朝马路，为寺庙内的清修安宁提供了一份保障，院内的植物种植较为繁多，极具美观效果。不过，还需要一定的系统改善来提升整体的大院形象，以及引导人们拥有一个更佳的欣赏层次。为此，下面将从多个方面进行寺庙的分析，围绕文化、设计布局、植物构图等多个方面进行设计说明。

隆兴寺卫星拍摄如图 8-18 所示；隆兴寺如图 8-19 ～图 8-22 所示。

图 8-18　隆兴寺卫星拍摄

（图片来源：作者自绘）

图 8-19 隆兴寺 1

（图片来源：作者自摄）

图 8-20 隆兴寺 2

（图片来源：作者自摄）

图 8-21　隆兴寺 3

（图片来源：作者自摄）

图 8-22　隆兴寺 4

（图片来源：作者自摄）

四、建筑元素

第一，堂屋以坡屋顶为主，厢房以平屋顶为主；坡屋顶以红色、灰色为主，平屋顶以白色、蓝色为主，如表8-1所示。

表8-1　建筑屋顶分析

屋顶照片		说明
		红屋顶 新建院内堂屋建筑屋顶的主要颜色
		灰屋顶 传统建筑屋顶颜色
		蓝色顶 小体量及临时建筑的屋顶颜色
		土色顶 传统夯土建筑的主要屋顶颜色
		坡屋顶 传统建筑堂屋的主屋顶形式

屋顶照片		说明
		平屋顶 院落厢房的主要屋顶形式

第二，建筑立面颜色以白色为主，节点性出现黄色；院门颜色普遍为亮色，与传统风貌不协调，如表8-2所示。

表8-2　建筑立面墙色分析

墙图片	说明	墙图片	说明
	白色墙 大部分建筑立面新的主要颜色		灰色墙 建筑立面新刷的主要颜色
	青色墙 青砖建筑的立面颜色		土色墙 未刷白漆的生土建筑立面颜色
	黄色墙 村委会立面新刷的主要颜色		红色墙 尚未立面改造的红砖建筑立面颜色
	红色墙 尚未立面改造的红砖建筑立面颜色		红色木门 重要传统建筑大门颜色

续表

墙图片	说明	墙图片	说明
			其他颜色大门部分传统和新建大门

第三，木质门窗保留过少；立面颜色多为白漆抹面，如表 8-3 所示。

表 8-3　建筑门窗分析

建筑门窗图片		说明
		金属门窗样式多样，材料主要以铁铝不锈钢门窗为主
		木质门窗主要以木质梁为支撑，其特点主要为密集的竖条格栅
		白漆立面
		土坯立面

续表

建筑门窗图片	说明
	砖墙立面

第四，民居材料与结构特征。鲁西南（菏泽）传统民房主要是以土木结构为主，往往以土坯、麦草为建筑材料，即房屋墙体多为土坯砖墙，用麦草泥筋涂抹墙面，屋顶多用高粱秸秆和麦秸苫盖，并覆盖 15～20 厘米厚黏土。也有少量质量较好的采用砖木结构，即房屋墙体多为青砖砌筑，有的里面为黏土或坯，外层用砖包皮，俗称"包皮墙"。屋顶铺小瓦，屋面坡度在 20 度以上。另外，在菏泽曹县王乐田村还有部分全部由石头砌成的民居。

王乐田村的建筑材料多采用砖块、青瓦，屋顶均为硬山顶，瓦房脊上安装脊兽，脊兽有龙头、鸽子、麒麟、公鸡等造型，如图 8-23～图 8-27 所示。

图 8-23 平顶内部屋架结构 1

（图片来源：作者自摄）

图 8-24　平顶内部屋架结构 2

（图片来源：作者自摄）

图 8-25　平顶内部屋架结构 3

（图片来源：作者自摄）

图 8-26　平顶内部屋架结构 4

（图片来源：作者自摄）

图 8-27 平顶内部屋架结构 5

（图片来源：作者自摄）

第五，民居风格式样——屋顶。鲁西南民居屋顶形制主要为硬山式屋顶，同时存在少量的悬山顶、囤顶和平顶民居。砖石民居屋顶是木屋架上架设檩条，并在檩条上用木板或者麦秸束成的草帘代替望板，建筑在屋顶最外层铺盖麦秸、草或板瓦，重要的建筑屋面上铺盖筒瓦，并且屋顶还有五脊六兽做装饰。

屋脊做法主要有两种：一是突出正脊的方式，多用小青瓦拼砌而成各种图案做花脊，花脊两端饰以吻兽作为装饰重点（一般做哺龙座），形成各种造型变化；二是突出两端垂脊（排山脊）的方式，结合山墙或高出屋面的封火山墙形成各种装饰造型，如表 8-4 所示。

表 8-4　屋脊分析

屋顶图片	说明	屋脊图片	说明
	斜屋顶		套沙锅套
	平屋顶		垂脊与脊兽
	坡屋顶		垂脊与脊兽

第三节　王乐田村景观再生设计成果展示

一、设计愿景

"传承老文化，留住乡愁"——因地制宜，体现乡土特色。

通过对村庄原有历史民俗文化的梳理，结合旅游发展加强凸显；在现有村庄树种特色基础上，进行强化，打造以垂柳、杨柳、榆树、果树等为特色的村庄环境；建立村庄党建文化，通过宣传、讲座、民意选举等各种方式，宣传国家地方政策、法律法规和村庄先进事迹等。

二、设计主题

在乡村振兴战略和健康中国战略大背景下，打造现代化的"田园牧歌"+"康养度假"+"文化旅游"融合发展的康养度假基地。

依托王乐田村良好的生态环境，给人们提供一处沉淀心灵、享受生活、体验"闲情逸致"的榆香柳舍、水位村转的水韵山居，给人带来身体的放松与心灵的愉悦。与生态环境相结合打造田园养生；与体育运动相结合打造远东康体设施；与美化休闲相结合打造田园文化养生；与休闲农业相结合打造健康饮食养生。

三、空间关系

以王乐田的"田"字为骨，整体田字既呼应着村名，也呼应着全村设计规划布局"一环三横四片区"，如图 8-28 ～图 8-30 所示。

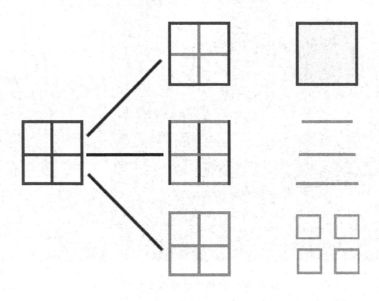

图 8-28　一环三横四片区 1

图 8-29　一环三横四片区 2

图 8-30　全村设计点线面分析

四片区包括民宿坑塘区、乡政中心、文化传承区、生态采摘区。

四、景观结构

王乐田村景观结构设计如图 8-31 所示。

[一环]

[三横]

[四片区]

图 8-31　王乐田村景观结构设计

（图片来源：作者自绘）

五、景观节点

（一）民宿坑塘区

本次设计通过对坑塘的改造提升，保护水系的自然联通，构建一处良好的自然生态系统，并逐渐改善水环境质量，重塑健康、自然的弯曲河岸线，为村民营造一处可游、可玩、可赏的休闲平台，打造周边居民聚集活动、日常休闲的良好去处，设计适宜季节性、特色性旅游景观节点，在水环境治理的基础上，增加其功能性和使用性，如图 8-32 ～图 8-34 所示。

图 8-32　民宿坑塘平面展示

（图片来源：作者自绘）

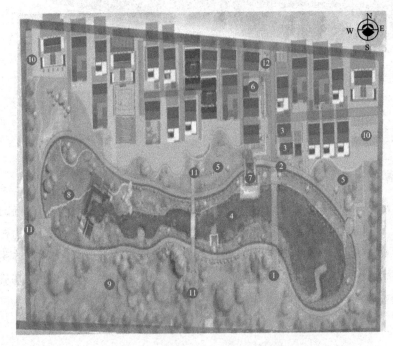

❶ 主入口

❷ 环溪步道

❸ 民宿

❹ 清水荷塘

❺ 欢乐草坪

❻ 围棋广场

❼ 老翁垂钓

❽ 塘柳摇影

❾ 果园

❿ 停车位

⓫ 次入口

⓬ 健身广场

图 8-33　民宿坑塘节点分析

（图片来源：作者自绘）

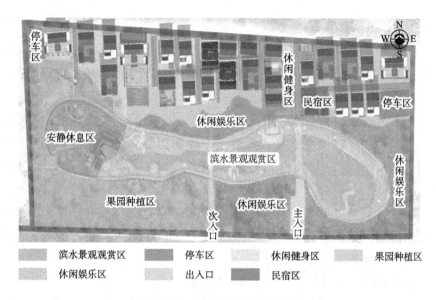

图 8-34　民宿坑塘功能分区

（图片来源：作者自绘）

在原有地形的基础上，设计一条环溪步道作为主要道路，在坑塘周边设计多个活动平台，有助于观赏水上景色，以及进行钓鱼、休憩等各种娱乐活动，二级道路设置到欢乐草坪上，可以更好地观赏坑塘及周围绿色植物，亲近自然，促使人与自然和谐发展，如图 8-35 所示。

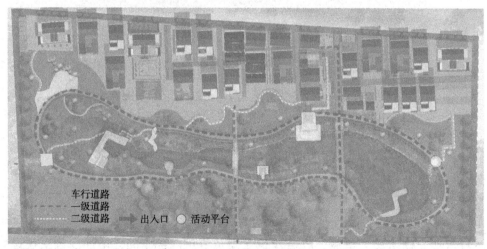

图 8-35　道路分析

（图片来源：作者自绘）

1. 民宿改造设计

（1）乡村民宿的设计原则：①尊重自然。每个地方都有自己独特的自然环境和资源禀赋；②尊重人性。空间因人而生；③尊重市场。管理流程的规范；④可持续性。使空间赋予生命。

（2）乡村民宿的设计目的：①解决当下城乡之间的失衡状态，是空间的分享、多元化文化的交流；②促进就业，提高物质和精神生活的品质；③回归自然、返璞归真，与大自然健康和谐地生活；④具有可持续性发展的意义。

选取村庄紧邻坑塘边的两户到三户传统的鸡舍进行改造设计，打造王乐田村特色民宿片区，对该片区建筑、景观及周边环境进行优化改造，凸显当地特色的同时提升该村片区的品质。

民宿改造设计成果展示，如图8-36所示。

图8-36 民宿改造设计成果展示

（图片来源：作者自绘）

（3）民宿设计特性：①地域乡土性；②整体综合性；③农业体验性；④生态自然性。修缮民居房屋，改造建筑立面及房屋内部空间，增加庭院景观设计改善环境，以打造传统民宿设计风格。

改造前，如图 8-37 所示。

图 8-37 房屋改造前的近况

（图片来源：作者自摄）

改造后，如图 8-38、图 8-39 所示。

图 8-38 房屋改造后的设计 1

（图片来源：作者自绘）

图 8-39 房屋改造后的设计 2

（图片来源：作者自绘）

（4）乡村民宿设计中注意事项：①保留。具有历史年代感且保存较为完整的建筑，空间结构完整的传统院落，形式功能合理、结构完整的民居，富有历史年代感的精美构件及无法修复的具有价值的古建构，宜人的空间尺度、浓重的生活气息；②改造。建筑结构不清、功能设计不合理的民居，部分临街建筑的立面的改造，引入部分功能（商业、休闲娱乐等）遗留的构件，多样化处理——运用于景观设计中或收藏于基地展览馆没有价值且荒废的场地作为休闲娱乐空间；③拆除。无法修缮改造或闲置的建筑、违章加建的建筑。

2. 乡村坑塘的设计

乡村坑塘是农村重要的水利基础设施，在调节水源、防汛抗旱、美化环境等方面起着举足轻重的作用。持续推进坑塘治理，把坑塘治理和农村黑臭水体治理工作作为人居环境整治的重点和亮点，精心组织，按照"统筹兼顾、突出重点，因地制宜、分类施策，治管并重、注重实效"的原则，坚持政府主导、社会参与，有步骤、分阶段地推进农村坑塘沟渠疏浚清淤扩容造景工程专项治理，修复农村水生态环境。

乡村坑塘现实发展状态如图 8-40～图 8-42 所示。

图 8-40　乡村坑塘现实发展状态 1

（图片来源：作者自摄）

图 8-41　乡村坑塘现实发展状态 2

（图片来源：作者自摄）

图 8-42 乡村坑塘现实发展状态 3

（图片来源：作者自摄）

改造后的坑塘，美化了人居环境，提升了居民生活的品质，同时坚持"原生态保护＋创新性设计"的双向原则，在保护原有生态的基础上，让废旧坑塘变废为宝，成为村内一处绝美的生态湿地公园景观。乡村坑塘设计如图 8-43～图 8-45 所示。

图 8-43 乡村坑塘设计 1

（图片来源：作者自绘）

图 8-44　乡村坑塘设计 2

（图片来源：作者自绘）

图 8-45　乡村坑塘设计 3

（图片来源：作者自绘）

　　效果图展示：转动的水车、盛开的粉荷、摇曳的青柳、广场的凉亭、特色的民宿，无不彰显着生机和活力。坑塘内种植大量的绿化苗木，美化了护坡，把鱼塘、藕塘有机结合，形成了集养殖、种植、休闲娱乐于一体的田园牧歌，如图 8-46～图 8-55 所示。

图 8-46 效果展示 1

（图片来源：作者自绘）

图 8-47 效果展示 2

（图片来源：作者自绘）

图 8-48　效果展示 3

（图片来源：作者自绘）

图 8-49　效果展示 4

（图片来源：作者自绘）

图 8–50　效果展示 5

（图片来源：作者自绘）

图 8–51　效果展示 6

（图片来源：作者自绘）

图 8-52　效果展示 7

（图片来源：作者自绘）

图 8-53　效果展示 8

（图片来源：作者自绘）

图 8-54　效果展示 9

（图片来源：作者自绘）

图 8-55　效果展示 10

（图片来源：作者自绘）

（二）乡镇中心

1. 地域性原则

运用当地材料，反映地域特色，提取并应用当地"符号"，彰显地域文化。

2. 独特性原则

每个村庄都是独特的，因此乡村景观设计应该充分挖掘乡村的独特性。

3. 以人为本原则

充分体现以人为本这一原则，从村民需求入手，打造一个舒适的环境。

4. 生态与可持续性原则

严格遵守景观的生态设计，充分尊重乡村原始的自然环境。

5. 融入性原则

尊重现有村庄村貌，因地制宜地设计一些人工景观，尽量保持原汁原味的乡村景观形态。

乡镇中心平面设计，如图 8-56～图 8-59 所示。

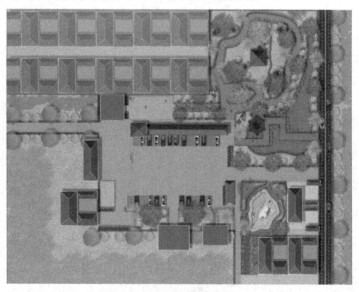

图 8-56　乡镇中心平面设计

（图片来源：作者自绘）

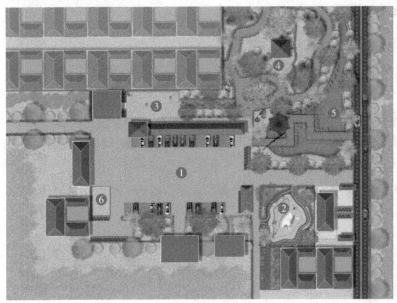

1 乡镇服务广场

2 儿童乐园

3 红憶广场

4 静谧游园

5 清水荷塘

6 文化大舞台

图 8-57 分区标注

（图片来源：作者自绘）

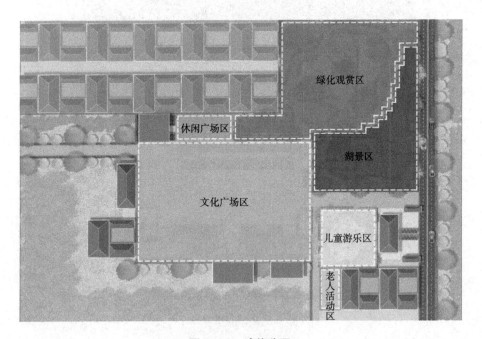

图 8-58 功能分区

（图片来源：作者自绘）

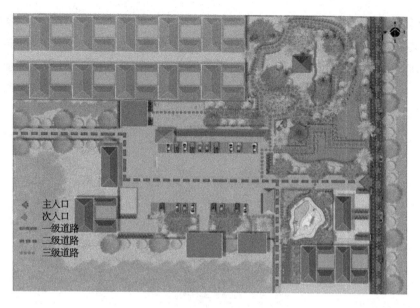

图 8-59　道路分析

（图片来源：作者自绘）

乡镇服务中心：保留原有部分服务设施，对文化舞台、原有绿化进行提升，增设停车位，如图 8-60 所示。

图 8-60　乡镇服务中心广场

（图片来源：作者自绘）

效果图展示：顺应百姓期盼，彰显民生温度，设计完整的基础服务设施，结合当下农村老龄化情况的现象，增加"适老化"的设计内容，植入党建文化，提升文明亮度，配备新建的党建长廊坐凳等休息设施，并对原有的绿化进行修复提升，以满足更多人休闲、放松身心的需求，如图 8-61～图 8-64 所示。

图 8-61　效果展示 1

（图片来源：作者自绘）

图 8-62　效果展示 2

（图片来源：作者自绘）

图 8-63 效果展示 3

（图片来源：作者自绘）

图 8-64 效果展示 4

（图片来源：作者自绘）

对清水荷塘坑塘进行改造提升，保留原有地形。进行绿化提升，形成村民"村内有水，水围村转"的这一设想。

清水荷塘现实保存情况如图 8-65、图 8-66 所示。

图 8-65　清水荷塘现实保存情况 1

（图片来源：作者自摄）

图 8-66　清水荷塘现实保存情况 2

（图片来源：作者自摄）

清水荷塘设计图，如图 8-67 所示。

图 8-67　清水荷塘设计

（图片来源：作者自绘）

效果图展示：凉亭、栈桥临水而建，结合周围环境，营造碧水蓝天的优美环境，为村民提供又一个休闲打卡的娱乐场所，如图 8-68、图 8-69 所示。

图 8-68　效果展示 1

（图片来源：作者自绘）

图 8-69　效果展示 2

（图片来源：作者自绘）

对场地进行改造，打造一个儿童乐园，供儿童游乐玩耍，如图 8-70 所示。

图 8-70　儿童乐园现实保存情况

（图片来源：作者自摄）

效果图展示：天真、单纯、自然是儿童与生俱来的心理特征，对儿童乐园的设计更多地考虑儿童的心理。明丽的色彩，特色的小品，凸起的山丘、平滑的滑梯、鲜艳的大南瓜、秋千、蹦床，造型更新奇别致的器具，吸引更多的小朋友游玩，也为农村的小朋友在有限的条件下打造全方位的儿童乐园，如图 8-71～图 8-73 所示。

图 8-71　儿童乐园设计 1

（图片来源：作者自绘）

图 8-72　儿童乐园设计 2

（图片来源：作者自绘）

图 8-73　儿童乐园设计 3

（图片来源：作者自绘）

（三）文化传承区

对王乐田村现实中的文化区域进行改造提升，分为中心广场区、休闲广场区、绿化观赏区、祭祀区四个区域。该地块的主题是"孝"，在中心广场设置一个雕塑，在绿化观赏区设置二十四孝文化景墙，因为本次的设计元素是叶子，所以将休闲广场这一地块的铺装拼接成叶子的形状，如图 8-74～图 8-80所示。

图 8-74　文化传承区设计 1

（图片来源：作者自绘）

图8-75　文化传承区设计2

（图片来源：作者自绘）

图8-76　文化传承区设计3

（图片来源：作者自绘）

图 8-77 文化传承区设计 4

（图片来源：作者自绘）

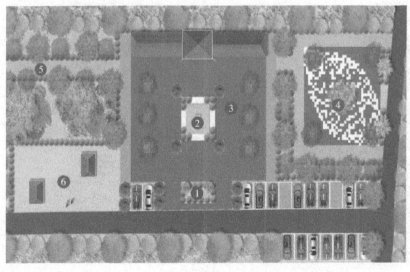

❶ 文化石

❷ 雕像

❸ 孝感广场

❹ 叶脉广场

❺ 溯源游园

❻ 祭祀中心

图 8-78 分区标注

（图片来源：作者自绘）

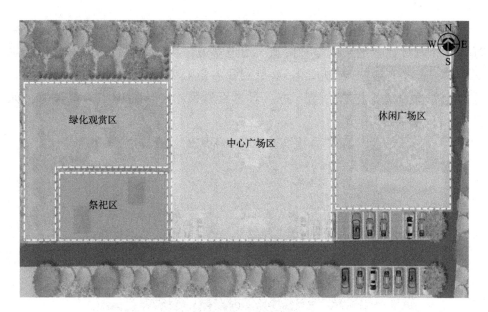

图 8-79　功能分区

（图片来源：作者自绘）

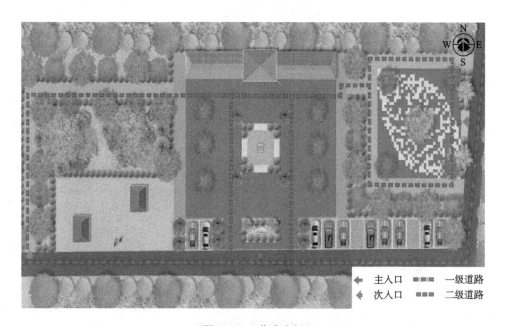

图 8-80　道路分析

（图片来源：作者自绘）

效果图展示：百善孝为先，孝道广场的设计是对优秀传统文化的传承，同时培育和践行社会主义核心价值观。走进孝道广场映入眼帘的是一幅幅形象生动的"忠孝文化""农耕文化"，让村民在舒心中怡情，在赏景中增德，孝道文化如春风化雨滋润心灵、进入寻常百姓家中，传播中华传统美德，如图8-81～图8-86所示。

图8-81 效果展示1

（图片来源：作者自绘）

图8-82 效果展示2

（图片来源：作者自绘）

图 8-83　效果展示 3

（图片来源：作者自绘）

图 8-84　效果展示 4

（图片来源：作者自绘）

图 8-85 效果展示 5

（图片来源：作者自绘）

图 8-86 效果展示 6

（图片来源：作者自绘）

以街道为分割，遥望道路对面住宅外围田地绿化。紧邻交通要道，车辆稀少但偶有噪声。隆兴寺北紧邻空地草坪，未有欣赏性景观。隆兴寺西、南、东、三侧环田，周边绿化稀少。西侧间隔田地，有几户人家分布，距离适度。

隆兴寺地块周围因素实际情况，如图8-87、图8-88所示。

图8-87　地块周围因素实际情况1

（图片来源：作者自摄）

图8-88　地块周围因素实际情况2

（图片来源：作者自摄）

　　隆兴寺庙后紧挨大片裸露地表，地表植物稀少，绿化不足，杂草丛生，欣赏性不强，而且因为正门朝北背靠马路主要来往车辆，所以寺庙景点提示性不强，不够突出。另外，细节上保留原有泰山石，用意为压不祥，镇妖祟，辟邪发展到驱风、防水，止煞、消灾等多种功效。在此立意上，设计考虑保留建寺传统，保留泰山石，在建造庙后绿化的同时，突出细节，美化泰山石边缘与规划景观更好的结合。

　　庙内植物生长出围挡，正在呈现逐步延伸到道路上阻碍交通的苗头，修剪不到位，布置上除部分植株规划管理外，地表硬质铺装已有破碎裂缝出现，庙内没有专门服务的休闲设施，装置简陋，休闲座椅堵住了小路。

　　以下是对隆兴寺再生全方面的平面设计图，如图8-89～图8-93所示。

图8-89　平面设计图

（图片来源：作者自绘）

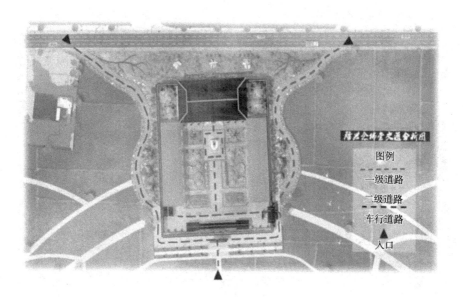

图 8-90　交通流线分析图

（图片来源：作者自绘）

图 8-91　功能分区

（图片来源：作者自绘）

主要节点

次要节点

景观主轴

景观环带

图 8-92　节点设计图

（图片来源：作者自绘）

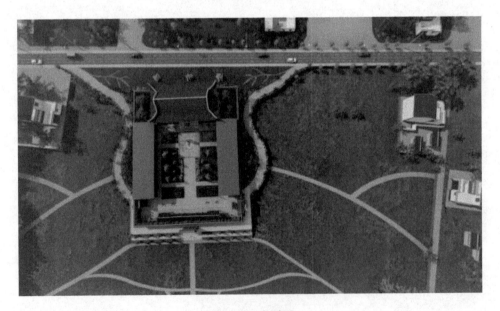

图 8-93　鸟瞰图

（图片来源：作者自绘）

效果图展示，如图 8-94 ～图 8-98 所示。

图 8-94 效果展示图

（图片来源：作者自绘）

图 8-95 效果展示图

（图片来源：作者自绘）

图 8-96　效果展示图

（图片来源：作者自绘）

图 8-97　效果展示图

（图片来源：作者自绘）

图 8-98　效果展示图

（图片来源：作者自绘）

（四）生态采摘区

在乡村振兴的发展战略下，现代农业与休闲农业是我国乡村振兴落地实施的重要抓手。以科技为引领，以智能化、绿色化为特色，融合文化旅游等多产业的智慧农业生态园作为一种新业态。

依据"一片果树、一个景区"的景观化公园化设计思路，通过品种及种植布局适当提升果树的观赏性。将传统的公园设计元素与果树有机地结合起来，突出果树特有的自然生态、养生、文化及农业生产价值体现等功能，发掘果园生产、生活和生态价值，拓展水果经营理念的外延，提升果园的园林美化景观效果，使果园成为人们休闲、品果、陶冶情操和开展文化活动的理想处所。

1. 生态采摘园设计基本原则

旅游观光果园是一个跨行业、多学科组成的新生事物，集旅游、景观园林、果树园艺等于一体，是城市居民节假日旅游观光、休闲度假、赏花品果、采摘游乐、体验农村生活、享受田园风光的所在，如图 8-99 所示。

1.生态原则	2.经济性原则	3.参与性原则
人工化环境与自然环境相融合,既满足人的活动需求,又增强采摘园开发的生态效益和可持续性	使游客有更好的采摘体验,多吸引游人,更好地提高经济效益	观光者可以参与到果园生产、生活的方方面面,体验果品采摘及农村生活的情趣,享受原汁原味的乡村生活

4.突出特色原则	5.多样性原则	6.舒适性原则
果园与民宿结合,可聚餐、可采摘,更好地为旅游服务,为园区服务	注重了环境多样性的保护和景观多样性的开发	以人的尺度为标准,创造美观、大方、舒适的环境景观

图 8-99　生态园设计基本原则

2. 生态采摘园设计分析

果园采摘＋美食＋农产品加工——主题鲜明,系列丰富果园美食多以应季水果、蔬菜为主料,突出采摘主题。菜式种类齐全,包括美味果汁饮料、乡土风味大菜、优品水果佳肴和新鲜水果沙拉等。

这些菜式既可单独享用,又可自由搭配,形成饮品、前菜、正菜、甜点等层次完整、特色突出、规格齐全的成套餐食,提供民宿旅游、朋友聚餐等专项美食服务。

农产品加工包括水果罐头加工、葡萄酒加工及果干的加工等。

生态采摘园现实状态如图 8-100 ～图 8-103 所示。

图 8-100　生态采摘园现实状态 1

（图片来源：作者自摄）

图 8-101　生态采摘园现实状态 2

（图片来源：作者自摄）

图 8-102　生态采摘园现实状态 3

（图片来源：作者自摄）

图 8-103　生态采摘园现实状态 4

（图片来源：作者自摄）

生态采摘园设计如图 8-104 ～图 8-107 所示。

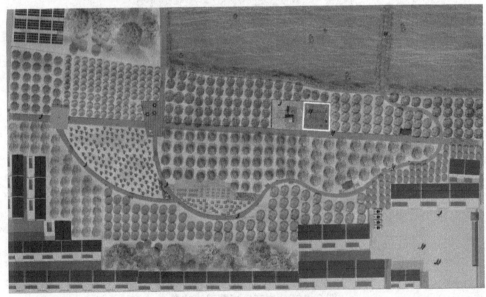

图 8-104　生态采摘园平面展示

（图片来源：作者自绘）

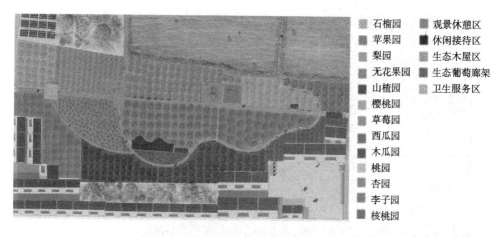

石榴园　　观景休憩区
苹果园　　休闲接待区
梨园　　　生态木屋区
无花果园　生态葡萄廊架
山楂园　　卫生服务区
樱桃园
草莓园
西瓜园
木瓜园
桃园
杏园
李子园
核桃园

图 8-105　功能分区

（图片来源：作者自绘）

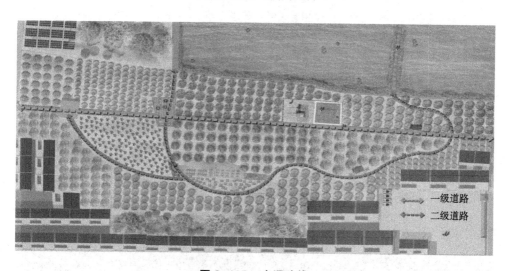

一级道路
二级道路

图 8-106　交通路线

（图片来源：作者自绘）

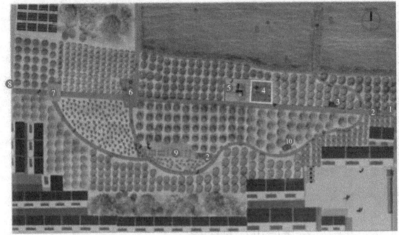

图 8-107　节点分区

（图片来源：作者自绘）

① 主入口
② 绿廊
③ 售卖小屋
④ 儿童亲子营
⑤ 休闲树屋
⑥ 观景休憩平台
⑦ 溢翠亭
⑧ 次入口
⑨ 美食工坊
⑩ 公共卫生间

3. 效果图展示

在夏日凉凉的微风里，约上好友到此处一游，行走在果树下、瓜棚里体会自然的田园乐趣，如图 8-108～图 8-115 所示。

图 8-108　效果展示 1

（图片来源：作者自绘）

图 8-109 效果展示 2

（图片来源：作者自绘）

图 8-110 效果展示 3

（图片来源：作者自绘）

图 8-111　效果展示 4

（图片来源：作者自绘）

图 8-112　效果展示 5

（图片来源：作者自绘）

图 8-113　效果展示 6

（图片来源：作者自绘）

图 8-114　效果展示 7

（图片来源：作者自绘）

图 8-115　效果展示 8

（图片来源：作者自绘）

　　本章主要介绍了笔者主持设计的王乐田村景观再生设计。在设计过程中，以上位规划为设计依据，充分调研村民意愿，结合村庄历史文化与自然景观，运用景观再生设计原则及策略而进行的设计。目前，该项目已进入分步骤、分节点的逐步实施过程中。

第九章 传统村落景观再生设计的

未来展望

第一节　推进当地生态文化发展

"文化反哺"指的是在文化不断变迁发展的时代，由年长一代向年轻一代进行文化吸收的过程，它在一个民族的生存与发展中占据着重要的位置。在生态环境领域下的文化反哺指的是菏泽传统村落景观在不愿失去原生态特性的情况下，寻求一种原生态再生的发展形式，利用传统村落景观中蕴含的文化内涵反哺生态。

传统村落景观作为自然与人类文明呈现的特殊方式，是千百年来人们征服自然、改造自然、利用自然所积累的技术与艺术的结晶，蕴含着丰富的文化精神与文化内涵，是一种非常直观的艺术形态。农耕文明数千年形成发展过程中孕育着我国的传统民居文化，农耕文明的发展推动着我国传统民居文化的衍生与发展。菏泽传统村落景观作为我国传统的民居群落，也源于农耕文化，这就意味着其空间形态、整体布局和其自然生态环境及文化文明圈层具有非常紧密的联系。

由于城市化与全球化的迅速发展、社会经济水平的不断提升，菏泽传统村落居民的生活方式逐渐发展改变，人民生活质量不断提高，这使菏泽传统村落的自然环境、空间形态与物质文明精神受到了不同程度的影响。生态环境领域下的文化反哺为菏泽传统村落生态环境、空间形态与文化之间搭建了一个修复的桥梁，推进菏泽传统村落景观保护与再生工作的进行。

一、生态文化发展理念的深化

（一）传统村落生态文化可持续发展理念的深化

随着经济的不断发展，国家不断加大对传统村落景观再生工作的投入力度，推进传统村落与现代化相融合。同样地，菏泽可以将传统村落景观的再生工作与现代化相融合，将其作为第三产业进行发展。在这一再生发展过程中，要坚持以生态文明引领，让菏泽传统村落景观不仅能更好、更快地发展，还能在发展过程中保持其原生态特性。

从生态文化提出到现在，已经有很多传统村落走进了大众的视野，这些传统村落不仅体现着独有的生态文化，也在接受着现代化文明的冲击。在现代化的冲击下，一些传统村落也在逐渐转型，如建筑格局，一些传统村落的建筑格局相较于之前，增添了一丝现代化气息，更深入地将传统与现代元素进行融合，推动了对传统村落景观资源的进一步开发与利用。因此，菏泽在其传统村落景观的再生工作中，应积极推动传统村落与现代化之间进行融合，激发出新时代传统村落景观中的新活力。

同时，要积极保持与发展菏泽传统村落景观中蕴含的生态多样性与文化多样性。菏泽传统村落与现代生活共生存在，使传统村落中特有的景观与当代的人文内涵共融发展，使其传统文化与当代精神共鸣绵延，有助于实现菏泽传统村落景观中的生态价值、文化价值与社会价值。总而言之，在生态文化下的菏泽传统村落景观要开辟一条新的再生发展道路，一条既具有本身独特内涵又具备时代特征的可持续发展道路。

菏泽传统村落景观的可持续再生道路必须从生态文化的角度去展开，建立行之有效的再生新模式。对菏泽传统村落的价值定位，可以从两个层面上进行分析：①物质文化，即传统村落建筑物；②精神文化，即传统村落景观中蕴含的民风与民俗文化。

菏泽传统村落的再生与发展，还应制定符合当地生态文化背景的策略与方法，利用现代自媒体技术，对菏泽传统村落景观中蕴含的文化特色与文化价值进行宣传，积极展现菏泽传统村落景观文化的魅力。

1.增强菏泽传统村落景观保护意识

在菏泽传统村落景观的再生过程中，相关部门要加强对村民认识的引领。传统村落中的村民是传承传统优秀文化以及落实生态文化可持续发展理念的主体，要让村民从思想层面上对传统村落景观再生的重要性进行认识，认识到其所居住的村落习俗与所具备的传统技艺都是非常重要的传统村落文化，是推进当地生态文化可持续发展的重要力量。

政府及相关部门要制定相应保护措施，保护菏泽传统村落景观生态布局风格，保持其原生态的居住环境。在此基础上，加强对菏泽传统村落景观基础设施建设，利用其村落中的文化价值助力其生态环境的发展，让村民的生活环境得到切实改善，有助于村民回流，从而对传统村落中原有的文化风情与民俗民风进行原生态的保护与传承。同时，相关部门要制定科学合理的传统村落景观保护机制，对相关的物质文化与非物质文化制定明确的保护与管理措施。

2. 强化文化传承

菏泽传统村落景观的价值不仅在于古老的建筑与布局风格，更多的是对其蕴含的民俗民风及文化技艺的展现。在文化传承与发展的过程中，要对传统村落中优秀的民俗文化进行挖掘，如故事传说、风土人情、民间传统技艺。

传统村落景观是几百年来文化创造与文化传承的载体，在传统村落景观中，每一件事物、每一个建筑物、每一个人都具有不可替代的意义。在菏泽传统村落再生工作中，要积极保护传统村落不被破坏，挖掘传统村落中的原生态价值，促进当地文化与经济的双重发展。要营造良好的传统村落文化氛围，利用现代科技对传统村落进行宣传，如利用自媒体，建立专项账号，定期发布一些宣传片与小故事，将菏泽传统村落景观中独有的文化魅力释放出来，吸引更多的人关注菏泽传统村落的再生与发展。

（二）传统村落生态文化绿色发展理念的深化

党的二十大报告指出要加快构建新发展格局，着力推动高质量发展，推动绿色发展，促进人与自然和谐共生。这就要求传统村落再生发展中必须要坚持绿色发展的理念，实施绿色发展战略，开辟绿色发展道路。党中央将生态文明建设纳入中国特色社会主义事业"五位一体"的总体布局中，强调尊重自然、顺应自然、保护自然的生态文明理念，把生态文明建设融入经济建设、政治建设、文化建设、社会建设的各个方面与全过程。

绿色发展是一种认识自然、亲近自然与尊重自然的生态文明思想，强调实现人类与自然的和解以及人类本身的和解，它既是一种战略理念，也是一种发展实践。在菏泽传统村落景观的再生过程中，绿色发展是生态文化理念的组成部分，具有重要的指导意义。

绿色宜居的生态环境是菏泽传统村落对"诗意栖息地"的深切期盼，面对传统村落再生发展的精神文化需求与生态文化现实境遇的巨大反差，需要大力挖掘与发展潜藏在菏泽传统村落历史记忆与文化密码中的生态文化，而绿色发展理念正是菏泽传统村落生态文化活态传承中的必然选择。从菏泽传统村落景观文化根基层面出发，对其生态文化资源进行充分挖掘，发挥生态文化的积极功效，推动菏泽传统村落生态文化在新时代的创新再生，实现传统村落生态文化与绿色发展的共融，进一步推进菏泽传统村落景观的再生。

二、菏泽传统村落景观生态文化的反哺环链

菏泽传统村落景观再生研究善用生态学中的多样性理论、共生体系、进化学说，从生态文化系统中对菏泽传统村落景观中的不同文化进行认识与分析，了解传统村落景观之中自然环境与文化形态的相互制约关联机制，进而通晓其缘起、演变、发展的过程，并从整体对菏泽传统村落景观的生态文化系统进行完善与修复，保证菏泽传统村落景观的再生与发展。

（一）建立健全菏泽传统村落生态文化传承与保护机制

菏泽对其传统村落生态环境保护和发展工作的支撑点就是传统村落中蕴含的生态文化。良好的生态是菏泽传统村落景观再生发展的前提与基础，坚持生态保护与开发并举的原则，保护菏泽传统村落景观原有的生态气息。

（1）既要尊重与保护菏泽传统村落景观中的生态文化多样性，又要承认其生态文化的共融性。不同的传统村落生态文化既存在共同点，也存在差异性，在菏泽传统村落景观的再生设计中，需要对其多样性的传统生态文化进行重点保护，推动不同生态文化之间的交流与共融，形成各传统村落之间生态文化资源共享的和谐局面。传统村落中的生态文化有其自己的发展规律，在进行绿色再生与绿色发展的过程中，要尊重传统生态文化的发展规律，科学合理地进行保护与开发工作。

（2）在菏泽传统村落景观再生工作中，要树立科学的现代生态文化观。通过广播、电视、短视频平台等多种渠道、多种形式进行积极的引导，使大众认识到菏泽传统村落中的生态文化与现代生态理念之间的契合性，推进当今主流生态文化与传统生态文化之间的融合。

（二）大力打造民族生态文化品牌

菏泽传统村落景观具有非常丰富的自然资源，需要对这些资源进行深加工，增加文化产品的附加值，提高传统村落景观的利用效率和市场经济效益，积极打造具有菏泽特色的传统村落生态文化品牌。

（1）科学开发菏泽传统村落景观生态文化资源，鼓励传统村落生态文化产业向多元化发展。例如，2022 年 10 月，山东省文化和旅游厅、澳门特别行政区政府旅游局等联合举办了"孔子家乡 好客山东"文化旅游推广活动，其中菏泽市的东明粮画、曹州面人、鲁西南鼓吹乐等多个国家级、省级非遗项目和传承人代表受邀参加，向澳门业界人士与当地居民展示了菏泽独有的民俗文化和旅游资源。菏泽传统村落景观就可以以此为经验，挖掘其蕴含的民俗文化，以民俗文化为中心，实现生态文化建设与绿色经济发展的有机结合，推进菏泽传统村落生态文化产业的多样发展。

（2）重视政府部门、组织机构与其他单位之间的合作，加大人才引进力度与资金投入力度，充分掌握市场信息，进行菏泽传统村落景观再生的可能性研究，加大对菏泽地区传统村落景观生态文化建设的力度，为菏泽地区的生态文化发展提供强有力的人才支撑与科技保障，为深入开发与利用菏泽传统村落生态文化资源，着力打造特色生态文化品牌奠定坚实的基础。

（3）注重发挥地方政府在菏泽传统村落再生中的重要引导作用，加大菏泽传统村落生态文化产业的投资力度，形成以政府投资为主、以社会与个人投资为辅的多元化投资模式，引导社会投身菏泽传统村落生态文化产业，激发社会成员推进菏泽传统村落生态文化产业发展的热情，保障菏泽传统村落生态文化的可持续性发展。

（4）加强菏泽传统村落生态文化立法，对菏泽传统村落生态文化开展进一步的保护与发展，加强对其生态知识产权的保护，强化立法的目的，使菏泽传统村落生态文化得到法律层面的保护。

（三）构建菏泽传统村落景观生态文化数字化保护与再生模式

菏泽传统村落景观具有非常丰富的文化资源和与之环境相适应的生态文化系统，对传统村落景观的保护与再生实质上就是对其生态文化系统进行保护与再生。然而，这是一个非常复杂的项目工程，需要在理念、方法、途径等方面不断进行探索与创新。因此，在信息时代语境下，将"数字化"纳入菏泽传统村落景观的保护与再生系统中，为其生态文化保护开辟一条科学有效的发展途径。

菏泽传统村落文化景观生态文化数字化保护与再生模式，是借助当代信息技术与科技化设备，采取不同类型的数字化方法将传统村落生态文化系统中的各种事项进行数字处理，将其各类生态文化数据永久储存在信息资源库中，以达到对菏泽传统村落景观生态文化系统保护、再生、发展的目的。

关于菏泽传统村落生态文化数字的保护与再生工作，可以尝试构建"四种技术手段、三个空间、两个系统、一个平衡"的保护与再生模式。

1. 四种技术手段

（1）物质文化形态数字化手段。对传统民居、遗迹遗址、历史建制及演变流变等文化要素，运用三维激光扫描、古建筑测量技术与 CAD 建模技术实现传统村落的影像再现。

（2）菏泽传统村落地理场景数字化手段。通过 3D 建模技术、三维激光扫描技术与遥感全球定位技术等，获得菏泽传统村落景观历史演变与现实存在的田园景观、地形空间、水系与陆地交通、街巷古树等数据信息，描绘地理场景的村落画像。

（3）预警机制数字化手段。建立菏泽数字化传统村落生态文化保护预警机制，从"外生警源"与"内生警源"两个方面建设数字化警情预报系统，可以通过相关的数字平台加入大数据库变量分析，提前对菏泽传统村落景观生态文化遭受破坏的情况进行预判，并制定相关的修复方案。

（4）非物质文化数字化手段。主要针对菏泽传统村落景观中的"乡村记忆"要素，如节庆礼仪、民风民俗、手工艺、民间歌曲，通过人机交互技术、模拟技术、数字音频等，建立非遗文化影响方志。

2. 三个空间

菏泽传统村落景观生态文化的数字化保护与再生是一项复杂且系统的项目工程，但其可以将其作为相互关联的三个空间系统组合。第一空间是物质文化空间，即菏泽传统村落物质文化因子与地理场景的组合；第二空间是文化行为与心理空间，主要包括非物质文化遗产，体现在村落居民的制度文化与心理文化；第三空间是村落"云空间"，由大数据、互联网、计算机组成，有助于菏泽传统村落文化信息的开发与传播，促进文化价值的创新发展。

3. 两个系统

即人文环境系统与自然环境系统，利用大数据信息网络建立菏泽传统村落景观生态文化复合型"大文化生态系统"，利用传统村落标签化、全局化信息模式，将菏泽各地传统村落景观的人文环境与自然环境的基本信息纳入数据库。利用众包模式，全面科学地采集菏泽传统村落景观两大环境的相关信息，为以后更加系统、全面、精准地掌握与利用菏泽各地传统村落文化资源奠定坚实的数据基础。

4.一个平衡

即数字化保护与菏泽传统村落景观"活态化"平衡。数字化保护虽然对菏泽传统村落文化景观的保护与再生工作具有重要的作用，但我们也不可以过分依赖数字技术。这是因为过分依赖数据技术也会导致传统村落景观过度遗产化与数据化，从而使传统村落景观中的生态文化，特别是"原生态文化"产生一定程度的失真与变异。

菏泽传统村落文化生态数字化保护与再生模式的构建关系到村落社会制度、文化发展、经济提升、生态文明等综合体建设，是一项复杂而长期的系统项目，要根据菏泽各个传统村落景观的实际发展情况，立足其自然环境、文化特色、民间风情，坚持多样性、完整性、活态性的原则，积极借助信息技术与科学技术手段，对菏泽传统村落景观生态文化资源进行保护、再生与传承，促进菏泽传统村落景观生态文化的可持续发展。

第二节　促进当地经济发展

在菏泽传统村落景观再生设计的过程中，不仅是对文化、生态、景观、艺术等的再生，也是对当地经济活力的再生。跨界融合就是菏泽传统村落再生设计中的一种创新途径，也是其再生发展过程中的一个重要组成部分。要积极地将传统村落景观的再生与相关产业进行结合，打造独具菏泽特色的传统村落景观。

运用"传统村落景观+"的理念，将菏泽传统村落与各个行业进行跨界融合，形成网状结构，促进当地经济发展。菏泽传统村落景观有优美的自然环境与丰富的文化遗产，可以与旅游产业、文化娱乐产业、文化创意产业等相结合，以此为出发点，发挥传统村落景观再生的功能与作用。

一、传统村落景观与文化产业相结合

(一)传统村落景观和文化创意产业

在传统的社会中,村落是聚落的一种基本形态。菏泽传统村落有着悠久的历史,其建筑保存较好,维持着原传统村落的基本风貌,蕴含着非常独特的民俗民风。20世纪90年代,在经济全球化发展,英国率先提出了"文化创意产业"这一概念,而后这一概念在全世界范围内发展起来。文化创意产业是在后工业社会消费时代中,以人才为重要的投入要素,以创意、文化、技术为发展支撑,以创造力为核心的一系列文化行业,是跨领域与跨部门的产业组合。

如今,文化创意产业越来越受到人们的重视,在经济发展中占据着重要的地位。"文化创意产业"中的"创"意指创新,"意"指的是文化,其核心竞争力就在于对文化的创造力。文化创意产业内容覆盖非常广,具有附加值高与融合性强的特征。在菏泽传统村落再生发展的过程中,文化创意产业是实现其村落文明与当代社会的重要连接,也是实现菏泽传统村落产业结构调整的创新型道路。因此,菏泽传统村落景观再生设计与文化创意产业发展路径具有非常重要的理论意义与实践价值。

1.构建以政府为主导的统筹体系,优化健全规划体系

在文化创意产业的集聚发展过程中,不仅要有宏观政策,也要有微观举措,政府要积极承担起统筹规划的重要职责与职能。菏泽传统村落景观的保护、再生与发展工作,需要当地村民的积极参与,也需要相关文史工作者的自我组织,更需要政府引导社会各界人士与各方力量的帮助与支持,对菏泽当地传统村落文化进行积极的保护与挖掘,为发展文化创意产业提供必要的保障。

第一,政府有关部门要明确职责,背负起自身责任。明确菏泽传统村落景观再生规划编制、文化保护、修复建设等工作分工。

第二,制定菏泽传统村落文化创意产业中长期发展规划。深入菏泽传统村落景观中,进行充分的调研活动,在此基础上,结合市场需求,挖掘菏泽传统村落景观中的文化内涵,突出菏泽传统村落文化资源优势,找到与菏泽传统村落发展定位,制定相应的发展规划与发展措施。

第三,确立科学合理的发展文化创意产业项目,保护菏泽传统村落文化。政府在推进传统村落与文化创意产业融合发展的过程中,要对菏泽传统村落文

化进行深入探索与研究，将菏泽传统村落的文化底蕴作为文化创意产业发展的灵魂；对菏泽传统村落中的文化古迹与民俗民风进行整理与研究，把握村落的文化内涵。另外，审时度势，积极关注各类经济行为产生的实际效益，各村落村民、村委会、文化创意工作者、开发商需要积极进行交流与沟通。

第四，积极调动社会资源助力菏泽传统村落景观的再生与发展，调动政府、企业、学校等资源力量，提高村民积极性，集合各方力量推动菏泽传统村落与文化创意产业的融合与发展。

2. 构建传统村落生态型博物馆，凝聚地域文化特色

菏泽市要积极挖掘自身特色，抓创意，善变通，重视对传统村落景观的保护与发展。一方面，保护具有重要历史价值的建筑；另一方面，从传统村落生态环境的博调性、整体的空间肌理与结构肌理、历史发展、特色的街巷以及建筑的乡土性等方面进行保护与再生。菏泽传统村落有着非常优越的文化创意产业开发环境。为了维护菏泽传统村落景观原有的格局风格，尊重当地自然环境的变化，文化创意产业可以转变其思维模式，将传统的静态人造式博物馆转变为动态的生态型博物馆，为参观者营造更为真实、广阔、自由的历史文化情境，焕发出菏泽传统村落景观中的文化魅力。生态博物馆是现代的"活体博物馆"，其不受时间与空间的限制，具有很强的灵活性、直观性与延展性。菏泽可以将生态型博物馆作为传统村落与文化创意产业融合的主要项目，将村落的文化遗产与自然环境相接，融入传统村落空间设计理念，即"历史—现在—未来"，村民可以利用自家院落建设农家乐、民宿、生态园等，同时将民俗服饰、民俗技艺、工艺设计、美食文化等纳入博物馆的建设范畴，让村民成为博物馆的主人，为村民带来实际效益，走创意开路、增强消费、跨界融合、经济增长的发展道路，满足现代生产、生产方法与传统村落环境和谐发展。

3. 培养文化创意人才，树立保护与再生意识

人才是菏泽传统村落景观再生发展的有力支撑，文化创意人才是推动菏泽传统村落与文化创意产业融合的重要力量。菏泽必须重视对高素质、高水平、高质量文化创意人才的开发与管理。

（1）政府要优化健全文化创意人才引进政策，调整人才激励政策，积极吸引人才回流，壮大菏泽传统村落景观再生项目的人才队伍。要积极欢迎社会文化创意者的加入，帮助在外务工的人才走向传统村落文化创意事业道路，建设一支"艺术+乡贤"的高质量人才梯队。

（2）健全创意人才培养机制，实施"引进来"与"走出去"战略，菏泽传统村落景观是文化、建筑、艺术、历史等多个领域的文化综合体。一方面，菏泽可以鼓励相关工作人员"走出去"，去学习文化创意产业经营、生产与制作技术；另一方面，菏泽可以邀请专家学者对接指导传统村落的保护与再生工作。培养一批具有专业知识储备、熟悉菏泽本地历史文化，专业技能、个人素质、能力要求都与文化创意产业发展相匹配的新型人才。挖掘传统村落的文化价值与经济价值，将传统村落与文化创意产业资源进行整合，推动当地产业升级，已成为一种发展趋势，要坚持走与时俱进的发展道路，活化传统村落的原真性，才可以促进两者实现真正发展，推动当地经济水平的提升。

（二）传统村落景观与文化娱乐产业相结合

文化娱乐产业是通过现有的科学技术手段，将具有娱乐特性的文字、图形、音符、色彩等娱乐符号加工成为相应的娱乐信息，依托各种媒介（书籍、无机媒介、网络、影视），转变为不同的文化娱乐产品，以满足大众精神娱乐的消费需求。如今，我们已经踏入了娱乐经济时代的门槛，现代文化娱乐产业已经成为现代城市非常重要的组成部分。为促进菏泽传统村落景观的再生，当地文化娱乐产业的进一步发展，我们可以将菏泽传统村落文化与文化娱乐产业结合起来，融合发展，共同进步。

将菏泽传统村落文化与文化娱乐融合发展，就是利用现代技术手段，对菏泽村落文化进行选择性的挪用、援引、整合，经过系统性的再生产，制造生产出娱乐商品投入市场供给消费。将菏泽历史悠久、意蕴隽永、丰富有趣的传统村落文化进行精心设计、精美打造、精致推销，就可以营造出带有独特意味的娱乐商品，用"传统文化"作为索引，发展文化娱乐产业，不仅可以满足消费者的娱乐体验、精神需求与审美需求，还可以从中获取丰厚利润，在一定程度上扩大菏泽传统村落的品牌影响力与知名度，这种在一片冰冷坚硬的科技娱乐浪潮中独显雅趣与内涵的文化品位，具有独特又广大的市场价值。

一个村落即是一个微缩社会，菏泽传统村落是老百姓世世代代繁衍生息、躬耕劳作、生活娱乐的场所，是"活的聚落"，被称为记录历史的活化石。例如，菏泽市巨野县核桃镇付庙村，是一处由几个合院组成的具有典型明清时期风格的传统居民群，占地面积3 600多平方米。付庙村明清居民建筑有楼房，有四合院，布局严谨，层次鲜明，工艺精湛。我们就可以从付庙村这一古建筑群着手，拍一些纪录片，记录这一传统村落景观的前世今生和发展状况，为大众展现其蕴含的独特文化魅力，这不仅是其文化娱乐产业的发展，也有助于其旅游产业的壮大。

推动菏泽传统村落与文化娱乐产业之间的融合发展，需要从两个方面进行：①艺术、文化、娱乐一体化。文化是社会的基础，审美是大众心灵的内在需要，发展菏泽传统村落文化娱乐产业，只要生产出兼具艺术、文化、娱乐的产品，就可以获得消费者的青睐，提升文化娱乐产业的生命张力与生存活力；②品牌打造意识。打造品牌就是把无形资产转变为有形资产，有利于提高产品的竞争力，推动产业发展。推动菏泽传统村落与文化娱乐产业之间进行融合发展，有利于弘扬民族文化，传承娱乐精粹，促进文化娱乐产业的进一步发展。

二、传统村落景观与旅游产业相结合

菏泽传统村落景观拥有极大的科学价值、艺术价值、社会价值、文化价值与历史价值，因此其也拥有极大的旅游产业开发空间。旅游的介入，可以为菏泽传统村落的经济发展带来现实效益，提高其传统村落的内在发展动力，有助于其传统村落的再生。但在旅游开发的过程中，我们也要注意保护传统村落的环境、文化、建筑等，将旅游与传统村落景观有机结合，趋利避害，实现共同发展、绿色发展、可持续发展。

将菏泽传统村落景观与旅游产业相结合，即乡村旅游，指的是以农业社区为活动场所，以传统村落的建筑风貌、自然景观、文化遗产、生活方式等为旅游资源，开展的以体验传统村落民俗民风、了解传统村落历史文化、领略村落自然风光为主要目的，以城市居民为主要目标市场的一种旅游活动。

（一）整治传统村落

菏泽传统村落的整体面貌与环境，对其旅游发展的质量与效益具有直接的影响作用。因此，在开发旅游项目的过程中，要积极对菏泽传统村落空间环境进行治理，提高其旅游环境的品质。规划对传统村落主要整治内容包括：以传统村落景观现实保存情况为依据，对其进行修复与整治，从传统村落整体风貌的特征性要素入手，对其环境进行整体提升。

1. 整治建筑风貌

对菏泽传统村落景观内部的建筑采取一般保护、重点保护、整治修复、拆除四个基本手段。对院落建筑质量较好且形制尚存的传统建筑给予一般性保护；对院落建筑风貌完好，且形制比较完整的传统建筑给予重点保护；对传统村落内的现代建筑进行整体风貌的改善与整治；对已经破败，不能进行修复的建筑进行拆除。

2. 美化村落环境

一个好的旅游环境对旅游产业的发展至关重要，要积极对菏泽传统村落的环境进行美化，为当地旅游产业的发展提供良好的发展基础。

（1）植被景观。古树名木是自然界与前人留给我们的无价之宝，是开发旅游行业的重要资源，对发展旅游经济具有非常重要的经济与文化价值。菏泽要积极对当地的古树名木进行保护与治理，并在周围设置一定的活动空间，塑造景观节点的场所感。例如，菏泽市以牡丹区牡丹街街道办事处天香社区芦堌堆村明代木瓜园为中心，建设曹州木瓜主题公园与市花牡丹主题公园——曹州牡丹园相呼应，打造菏泽"一花一木"的特色城市品牌，实现木瓜与牡丹的并蒂发展。除此之外，还对其绿化植被与自然植被进行景观风貌的优化与整合，结合其地形地貌，形成良好的韵律感与层次感。

（2）道路铺装。发展旅游景区，最重要的是最大限度地发挥传统村落景观的特色。面对传统村落景观中历史风貌较好的路段，可以采用本地石材进行街巷道路的铺设，美化街巷的风貌特色。同时，建议在不同的路段选取不同形式的铺装，在保持村落风貌整体统一的前提下，营造具有差异化的旅游环境，提高自身吸引力。

（3）卫生空间。传统村落景观环境卫生的水平高低对其旅游产业的发展具有非常巨大的影响，一个好的卫生环境可以给游客带来舒适的体验，为景区树立一个正面的旅游形象。因此，在菏泽传统村落景区的建设过程中，要重视对村落环卫设施的建设与提升，根据各个村落景点中游客的分布情况，放置一定数量的垃圾桶，对主要的公共活动区域要进行定时、及时、科学的清理，积极维护传统村落景观的卫生环境。除此之外，还要积极建立长效管理机制，组织专职人员进行相应的管理与维护，加大宣传教育，提高村落居民对传统村落景观卫生环境的重视，提升其环保意识与责任感，共建良好的传统村落旅游环境。

（二）打造精品旅游路线

菏泽传统村落景观旅游基地的建设，不仅需要挖掘自身的旅游资源，也需要充分利用周边旅游资源，构建资源集约、全面覆盖、体系健全的区域旅游发展网络，围绕"点、群、区、带"等旅游空间要素，加强菏泽传统村落景观之间的旅游互动，通过旅游设施共享与资源共享，建设区域旅游发展新格局，从而提升自身旅游竞争力，提高传统村落旅游开发的经济效益，同时能促进菏泽传统村落景观的再生发展。

1. 整合周边村落资源共同开发

对周边的传统村落进行区域旅游资源的整合，依据传统村落景观的特征开发相应的旅游项目，通过道路的联通，菏泽传统村落景观之间进行互动，实现游客在多个村庄的自由流动，共享自然生态景观与旅游服务设施。除此之外，菏泽传统村落区域旅游基地的开发，还可以对本市突出特色、文化、环境等进行挖掘。例如，山东省菏泽市被誉为"中国牡丹之都"，其牡丹种植历史非常悠久，距今已有一千多年的历史，早在隋代，曹州就出了齐鲁恒这一著名花师，曾为隋炀帝培育出高过楼台的牡丹花。如今，菏泽市的牡丹种植依旧规模较大，种植资源优秀，种植业态发展良好，菏泽传统村落景观旅游项目的开发，就可以依靠"这朵花"的力量，以此为发展点，谱写自身的旅游篇章。

菏泽传统村落景观可以积极培育与发展菏泽市牡丹种植这一优势产业，与当地的牡丹种植基地进行合作，在储藏、种植、销售等环节进行协调，实现共产供销。除了观赏价值，牡丹还具有一定的药用价值。因此，菏泽传统村落旅游景区可以与相关的牡丹种植基地进行合作，挖掘牡丹的药用价值，开发与牡丹药用价值相关的旅游产品，如牡丹采摘加工、牡丹沐浴、牡丹精油产品等，提高自身旅游景区的独特性与吸引力，避免同质化竞争。

2. 打造旅游风情路线

建设菏泽传统村落景观旅游景区，可以充分利用周围的旅游资源，打造独具特色的旅游风情路线。例如，菏泽巨野县旅游路线：金山—麒麟台—福庙村—前王庄村—齐鲁会盟台。

要想打造独具菏泽特色的村落旅游风情路线，先要建设较为完整的旅游通道，加强沿途村落之间、客源地与目的地之间、景点之间的联系，实现旅游客流的自由流动。旅游线路上的设施建设要考虑到旅游线路的特点，与旅游线路统一，融入菏泽传统村落景观中的民俗风情与自然风情，为游客提供一个较为舒适的旅游观光体验。

　　3.优化菏泽传统村落旅游开发模式

　　当前我国传统村落旅游景区发展项目是由公司主导下的开发模式，公司为获取当地的旅游开发权，每年会向当地居民缴纳一定数额的旅游经营管理费与土地承包费，但不论是村落集体，还是居民个人，都没有持股。旅游公司只是招聘一些村民作为公司员工对景区进行日常的管理与维护，并支付给村民一定的薪资，并没有建立收益分红机制。因此，菏泽传统村落旅游景区开发项目，可以通过 PPP 的形式，成立股份制旅游公司，开发三方合作模式，即"企业＋村民＋村集体"，并积极完善旅游收益分配机制，即菏泽传统村落景区中的房租、门票、餐饮、娱乐等各种旅游收入为各个资方共同持有，以下为具体的分配方面。

　　（1）公益金。这一部分资金主要用于传统村落的公益性项目，如村民的旅游经营技能培训、环保意识与行为教育、旅行社管理、民宿经营、公众参与机制的运行等。

　　（2）维修基金。这一部分资金主要用于当地传统村落景区旅游设施与旅游资源的保护与修复，如传统村落建筑的维修与维护、旅游服务设施的日常维护、自然资源的保护与修复等，是传统村落旅游发展空间建设的资金支持，是传统村落旅游发展维护项目的资金保障。

　　（3）股金分红。这一部分资金按村集体、村民、公司的持股比例进行合理合法的分配，股份分红可以为当地村民与村集体带来不错的经济效益，有助于村集体事务的有序与有效开展，有助于村民收入的提升，促进村民生活质量的提高，推动当地经济的绿色发展、可持续发展、健康发展。

　　传统村落景观的保护与利用，既需要各学科领域专业学者的理论研究，也需要各级政府和民众的积极参与，需要各界的共同努力和合作。乡村在时代变迁中有着其自然的发展轨迹，无法阻挡，我们要做的就是提供自己有限的现实经验与能力去引导它生长得更好。传统村落文化景观的可持续发展研究是一个长期的课题，也是一项综合性极强的工作，未来的研究需要生态学、地理学等更多学科领域在理论层面对其进行深入探索、广泛的研究；而在现实的聚落再生设计实践中，还需要不断地总结和创新，并小心而谨慎地进行。笔者希望通过个人的研究成果，能够为传统村落文化景观的保护与开发相关工作提供可参考的理论和实践价值，以期更多的学者关注和参与到传统村落景观再生设计的研究中，为传统村落的景观可持续发展共同努力。

（三）智慧村落旅游

智慧旅游与智慧城市同步出现，成为数字旅游、智能旅游的后继性概念。智慧旅游在行业应用中的巨大变革，引发了学界研究的积极介入，为学界所关注。

数字旅游是旅游信息化的一个重要领域，指的是整个旅游活动过程的数字化和网络化。数字旅游是以旅游信息为核心的旅游信息系统体系，数字旅游平台的关键技术包括3S（RS，GIS、GPS）技术、分布式计算、三维可视化技术、虚拟现实技术、增强现实技术、数据库技术、数据挖掘和数据融合技术、宽带网络技术以及决策支持系统和软件集成等其他技术等，主要提供旅游信息显示、电子商务、电子政务、旅游线路的规划和发布、虚拟旅游、智能导游、搜索服务、地图增量更新、旅游决策支持、旅游地生态监测、旅游灾难应急处理与恢复、益智实景游戏等服务。数字旅游体系是一项系统工程，其输入的是各种旅游信息，包括空间信息和非空间信息，信息处理是对数字旅游体系中各种应用功能的实现；输出的是数字旅游体系提供的所有服务。智能旅游和智慧旅游之间的界限不明显，行业内基本属于一个事物的不同方面。智能旅游（Intelligent Tourism）从信息技术应用角度，强调技术创新对旅游产业发展和创新的支撑。智慧旅游（Smart Tourism）从信息技术应用效果角度，强调技术应用对旅游产业、旅游行为等产生的影响和效果。

智慧乡村旅游建设的内容主要包括以下九个方面：

（1）建立乡村旅游数据库。

（2）建立区域性的乡村旅游网站平台，尤其是手机网站，建立和完善在线查询、导航、预订、支付功能。能够支持游客在网上购买电子票。能够扫描识别二维码电子票或其他形式的电子票。

（3）建立新媒体营销平台，充分利用微信、微博、手机客户端发布、推送信息，由专人维护。

（4）加强银农合作，在乡村旅游消费区域加大刷卡支付能力建设，可以提供借记卡、信用卡刷卡服务，方便游客消费，POS终端符合国家相关标准。

（5）加大乡村旅游区域网络覆盖。民俗旅游中各个乡村的接待单位，如休闲渔场、观光农园、接待客房、观光果园等，都需要实现室内有限网络的无线覆盖，光纤接入覆盖率应该达到80%，速度应超过10兆，并且免费向游客提供无线上网服务。村内的小广场、游客服务中心等聚集点需要全面覆盖无线网络热点，可以与室内无线网络实现自由的切换。

（6）在重点旅游项目、游客服务中心等设置信息触摸屏，为游客提供免费的上网服务、语音公用电话服务以及信息查询服务，如旅游咨询信息、未来天气信息、地图交通信息、自助导游导览等。

（7）通过位置服务的科技手段，在重点旅游项目、乡村出入口等位置向游客收集提供包括周边的民宿信息、乡村的介绍信息、游玩的设施项目、饮食信息等各种旅游信息。

（8）对旅游乡村中观光农园、果园、休闲渔场等高端农产品的生产、养殖、种植等部分进行积极的管理，使用先进的物联网技术、通信技术、视频技术等监控农作物的生存环境，为其生长提供一个良好的环境，增强对城镇居民消费的吸引力。

（9）实现网络在线监控，实时地进行网络控制与调度，管理部门可以通过视频的监控对车辆与人员进行识别，以保证景区与乡村的安全为前提条件对车流与人流的情况进行统计，并提供气象交通信息提示、人车流信息情况展示服务、安全信息提示等安全风险提示服务。

（四）坚持科学规划管理，提高传统村落旅游的服务水平

传统村落旅游展现出来的整体形象并不能由其从业人员的素质水平与服务水平而决定。品尝农家菜肴、体验田园生活、感受当地风土人情是游客选择村落旅游的根本目的。所以，传统村落旅游业想要走可持续发展的道路，就要依据规定严格进行规范化的管理，要积极完善、整改其公共服务场所，优化其基础设施的建设，优化旅游六要素，即住宿、吃喝、行、娱乐、购物、游玩等，除此之外，还要打造具有特色的旅游产品，加强从业人员的培训工作，提高其素质水平与服务质量，规范相应的制度，提高其整体上的服务标准，并促进实现智能化、网络化与信息化，构建乡村旅游的标准体系，打造正面的、积极的乡村旅游形象。

传统村落旅游的规范化管理，需要建立科学的传统村落旅游管理模式。目前，在传统村落旅游发展过程中，已经出现了许多管理模式，如"公司＋农

户""公司＋协会""农户＋合作社""五体互动"（"五体"指的是政府、公司、旅行社、农民旅游协会和农户）等模式。不管哪种模式，都要"确保农民的主体地位，发挥农民的积极性、主动性和创造性，以农民的利益和愿望为制度创新的出发点和归宿"。

（五）坚持品牌化打造，突出传统村落与乡村旅游

传统村落旅游发展的关键点就在于重要地位的品牌化，打造一个优秀的传统村落旅游品牌，提供附加值较高的产品，可以为其可持续发展提供必要的保证，有效实现、统村落旅游与社会、文化与经济效益的最大化，是提高其战略地位的强有力的支撑力量。

第一，要精准地找到传统村落旅游的发展定位，为其品牌化的发展奠定坚实的基础，要以旅游发展的基本规律为依据，对当地的人文、历史、文化等因素进行充分的分析与思考，只有这样才能找到自己发展的定位，自己的品牌才能发展壮大，得到游客、经营者、农民等多方的接受与认可。

第二，要积极挖掘传统村落旅游蕴含的价值与意义，打造一个具有高美誉度、高知名度的标志性旅游产品，其一般产品采用"特色行业＋农业"的生产模式，利用产品本身的特色打造产品的品牌化，这是打造传统村落和乡村旅游品牌化的根本渠道。

第三，要积极营销、推广、宣传传统村落和乡村旅游产品的品牌。如今，传统村落和乡村旅游的经营户数量飞速增加，为了争夺市场，其必须在传统营销模式的基础上融合"互联网＋"的时代特色，早日把其打造成为"智慧旅游"景区，利用"乡村旅游＋互联网"的模式，如网上虚拟乡村旅游体验馆、乡村旅游网络预订 App 等，为其品牌化的发展提供一条高效的宣传途径。

（六）坚持特色化经营，提升休闲农业与乡村旅游创新水平

休闲农业与乡村旅游的特色化是指休闲农业与乡村旅游要具有风格独特、特色鲜明、个性十足的特点，这是休闲农业与乡村旅游可持续发展的生命力和吸引力，也是休闲农业与乡村旅游发展的基本方向。要坚持特色化经营，先要定位好休闲农业与乡村旅游的内涵和外延，休闲农业与乡村旅游的内涵核心是"农业、农民、农村"。城市居民前往乡村旅游的目的是感受乡村优质的空气环境、淳朴的乡村气息、一望无际的田野村庄，这些都是城市不具备的，所以这

种"独一无二"的休闲放松的乡土文化是乡村旅游发展的亮点。

　　休闲农业和乡村旅游要依据当地的环境、文化、资源上的优势，具体问题具体分析，对其生态环境、乡村面貌、健康养生、淳朴文化等乡村元素进行深入的挖掘，要别具一格，扬长避短，树立创新意识，坚持走特色化经营的道路。因为农村生活非常丰富，风土人情也各不相同，可以满足不同消费群体的需求，在"互联网+"与智慧旅游的大环境下，积极地发展新业态与新产品，如温泉健康养生、乡村俱乐部、自驾车营地、农业文化创意园、真人CS游戏实战基地等。

参考文献

［1］赵芮，邓晓华，沙仁高娃，等 . 客家村落的传统与变迁［M］. 厦门：
厦门大学出版社，2020.

［2］谷永丽 . 基于文化基因理论的云南传统村落空间存续与再生研究［M］.
昆明：云南美术出版社，2020.

［3］朱金茂，杨胜隽，林巧红 . 四明遗韵　宁波市传统村落拾贝［M］. 宁波：
宁波出版社，2013.

［4］陆地 . 建筑遗产保护、修复与康复性再生导论［M］. 武汉：武汉大学
出版社，2019.

［5］萧淑贞 . 生态乡村［M］. 石家庄：河北人民出版社，2019.

［6］彭震伟 . 乡村振兴战略下的小城镇［M］. 上海：同济大学出版社，
2019.

［7］蒙山县地方志编纂委员会 . 蒙山年鉴［M］. 南宁：广西人民出版社，
2019.

［8］杨维菊.村镇住宅低能耗技术应用［M］.南京：东南大学出版社，2017.

［9］中国城市科学研究会.2017国际绿色建筑与建筑节能大会论文集［M］.北京：中国城市出版社，2017.

［10］孙炜玮.乡村景观营建的整体方法研究——以浙江为例［M］.南京：东南大学出版社，2016.

［11］蔡晴.基于地域的文化景观保护研究［M］.南京：东南大学出版社，2016.

［12］本书编写组.品牌广西：中国知名村镇卷［M］.桂林：漓江出版社，2015.

［13］王舒扬.中国农村可持续住宅建设与设计［M］.南京：东南大学出版社，2014.

［14］方志戎.川西林盘聚落文化研究［M］.南京：东南大学出版社，2013.

［15］中国文物学会传统建筑园林委员会.建筑文化遗产的保护与利用论文集［M］.天津：天津大学出版社，2012.

［16］李锦生，霍耀中，张海.不可再生的遗产 中国古村镇保护与发展碛口国际研讨会论文集［M］.太原：山西人民出版社，2006.

［17］吴新叶.转型农村的政治空间研究：1992年以来中国农村的政治发展［M］.北京：中央编译出版社，2008.

［18］杨鸿勋.历史城市和历史建筑保护国际学术讨论会论文集［M］.长沙：湖南大学出版社，2006.

［19］邵伏先.基础与包袱——中国农业文明的多角透视［M］.贵阳：贵州人民出版社，1996.

［20］洪辉煌.乡村记忆文化与现代教育论文选刊［M］.福州：海峡文艺出版社，2019.

［21］饶庭伸，山崎亮，小泉瑛一.社区营造工作指南：创建街区未来的63

个工作方式［M］.金静，吴君，译.上海：上海科学技术出版社，2018.

［22］姚子刚，庞艳.南阳古镇：历史文化名镇的保护与发展［M］.上海：东方出版中心，2017.

［23］黎熙元，陈福平，童晓频.社区的转型与重构——中国城市基层社会的再整合［M］.北京：商务印书馆，2011.

［24］高福民.苏州古城保护图典：苏州历史文化名镇［M］.苏州：古吴轩出版社，2010.

［25］中国政策研究网编辑组.乡村振兴［M］.北京：中国言实出版社，2019.

［26］刘汉成，夏亚华.乡村振兴战略的理论与实践［M］.北京：中国经济出版社，2019.

［27］冉勇.基于乡村振兴战略背景下的乡村治理研究［M］.长春：吉林人民出版社，2021.

［28］袁建伟，曾红，蔡彦，等.乡村振兴战略下的产业发展与机制创新研究［M］.杭州：浙江工商大学出版社，2020.

［29］孙葆春.乡村振兴视阈下农村社会信用体系建设研究［M］.长春：吉林人民出版社，2020.

［30］彭真民.用脚步丈量——茶陵县乡村振兴与基层治理探索［M］.长沙：湖南师范大学出版社，2020.

［31］张婷婷.我国乡村振兴的金融支持问题研究［D］.长春：吉林大学，2021.

［32］胡鑫.乡村振兴战略人才支撑体系建设研究［D］.长春：吉林大学，2021.

［33］张珍."乡村振兴"战略下农村职业教育的发展路径研究［D］.南京：南京邮电大学，2020.

［34］冀晶娟.广西传统村落与民居文化地理研究［D］.广州：华南理工大学，

2020.

[35] 彭梅珠.乡村振兴背景下民宿旅游的政府扶持研究［D］.南昌：南昌大学，2020.

[36] 甘振坤.河北传统村落空间特征研究［D］.北京：北京建筑大学，2020.

[37] 高溪.乡村振兴战略背景下特色保护类村庄空间发展策略研究［D］.北京：北京建筑大学，2020.

[38] 岳天琦.基于空间句法的京郊传统村落公共空间特征研究［D］.北京：北京建筑大学，2020.

[39] 胡雨薇.乡村振兴战略下临湘农村特色产业发展优化研究［D］.长沙：湖南师范大学，2020.

[40] 刘洋.乡村振兴战略背景下城郊融合类村庄空间发展策略研究——以北京求贤村为例［D］.北京：北京建筑大学，2020.

[41] 何艳冰，周明晖，贾豫霖，等.基于韧性测度的传统村落旅游高质量发展研究——以河南省为例［J］.经济地理，2022，42（8）：222-231.

[42] 武亚杰，黄春华.湖湘文化下传统村落空间分布特征及其影响因素分析［J］.科学技术与工程，2022，22（7）：2863-2871.

[43] 居肖肖，杨灿灿，赵明伟，等.浙皖陕滇四省传统村落空间分布特征及影响因素［J］.经济地理，2022，42（2）：222-230.

[44] 李伯华，李珍，刘沛林，等.湘江流域传统村落景观基因变异及其分异规律［J］.自然资源学报，2022，37（2）：362-377.

[45] 李伯华，李雪，王莎，等.乡村振兴视角下传统村落人居环境转型发展研究［J］.湖南师范大学自然科学学报，2022，45（1）：1-10.

[46] 王淑佳，孙九霞.西南地区传统村落区域保护水平评价及影响因素［J］.地理学报，2022，77（2）：474-491.

[47] 陈晓华，黄永燕，王锈贤.空间生产视角下的传统村落空间转型过程、特征与机制——以黄山市卖花渔村为例［J］.热带地理，2022，42（1）：

78–86.

［48］窦银娣，叶玮怡，李伯华．旅游驱动型传统村落"三生"空间功能更新的特征、模式与逻辑——以湖南省张谷英村为例［J］.热带地理，2022，42（1）：136–147.

［49］王兆峰，李琴，吴卫．武陵山区传统村落文化遗产景观基因组图谱构建及特征分析［J］.经济地理，2021，41（11）：225–231.

［50］刘志宏．中国传统村落世界文化遗产价值评估研究［J］.西南民族大学学报（人文社会科学版），2021，42（11）：52–58.

［51］邓运员，付翔翔，郑文武，等．湘南地区传统村落空间秩序的表征、测度与归因［J］.地理研究，2021，40（10）：2722–2742.

［52］唐胡浩，赵金宝．重塑村落共同体：乡村治理视角下传统文化的现代价值研究——基于席赵村丧葬仪式的田野调查［J］.华中师范大学学报（人文社会科学版），2021，60（5）：21–33.

［53］王培家，章锦河，孙枫，等．中国西南地区传统村落空间分布特征及其影响机理［J］.经济地理，2021，41（9）：204–213.

［54］田毅鹏，张笑菡．村落社会"重层结构"与乡村治理共同体构建［J］.中国特色社会主义研究，2021（4）：76–84，2.

［55］何艳冰，乔旭宁，王同文，等．传统村落文化景观脆弱性测度及类型划分——以河南省为例［J］.旅游科学，2021，35（3）：24–41.

［56］郑文武，李伯华，刘沛林，等．湖南省传统村落景观群系基因识别与分区［J］.经济地理，2021，41（5）：204–212.

［57］毛一敬，刘建平．乡村文化建设与村落共同体振兴［J］.云南民族大学学报（哲学社会科学版），2021，38（3）：92–99.

［58］王淑佳，孙九霞．中国传统村落可持续发展评价体系构建与实证［J］.地理学报，2021，76（4）：921–938.

［59］宋玢，任云英，冯淼．黄土高原沟壑区传统村落的空间特征及其影响要素——以陕西省榆林市国家级传统村落为例［J］.地域研究与开发，

2021, 40（2）: 162-168.

[60] 朱烜伯, 张家其, 李克强. 乡村振兴背景下民族传统村落旅游开发影响机制 [J]. 江西社会科学, 2021, 41（3）: 229-237.

[61] 屈小爽, 张大鹏. 传统村落游客感知价值、地方认同对公民行为的影响 [J]. 企业经济, 2021, 40（3）: 123-131.

[62] 杨燕, 胡静, 刘大均, 等. 贵州省苗族传统村落空间结构识别及影响机制 [J]. 经济地理, 2021, 41（2）: 232-240.

[63] 罗德胤, 孙娜, 付敖诺. 村落保护和乡村振兴的松阳路径 [J]. 建筑学报, 2021（1）: 1-8.

[64] 唐承财, 万紫微, 刘蔓, 等. 基于多主体的传统村落文化遗产保护传承感知及提升模式 [J]. 干旱区资源与环境, 2021, 35（2）: 196-202.

[65] 张振龙, 陈文杰, 沈美彤, 等. 苏州传统村落空间基因居民感知与传承研究——以陆巷古村为例 [J]. 城市发展研究, 2020, 27（12）: 1-6.

[66] 许建和, 乐咏梅, 毛洲, 等. 湖南省传统村落空间格局影响因素与保护模式 [J]. 经济地理, 2020, 40（10）: 147-153.

[67] 何艳冰, 张彤, 熊冬梅. 传统村落文化价值评价及差异化振兴路径——以河南省焦作市为例 [J]. 经济地理, 2020, 40（10）: 230-239.

[68] 耿娜娜, 邵秀英. 基于模糊综合评价的古村落景区游客满意度研究——以皇城相府景区为例 [J]. 干旱区资源与环境, 2020, 34（11）: 202-208.

[69] 袁超, 孔翔, 李鲁奇, 等. 基于游客用户生成内容数据的传统村落形象感知——以徽州呈坎村为例 [J]. 经济地理, 2020, 40（8）: 203-211.

[70] 张晶. 美丽乡村建设背景下传统村落保护与发展策略探析 [J]. 城市发展研究, 2020, 27（8）: 37-43.

[71] 李伯华, 刘敏, 刘沛林, 等. 景观基因信息链视角的传统村落风貌特

征研究——以上甘棠村为例［J］.人文地理，2020，35（4）：40–47.

［72］李伯华，李珍，刘沛林，等.聚落"双修"视角下传统村落人居环境
活化路径研究——以湖南省张谷英村为例［J］.地理研究，2020，39（8）：
1794–1806.

［73］高璟，吴必虎，赵之枫.基于文化地理学视角的传统村落旅游活化可
持续路径模型建构［J］.地域研究与开发，2020，39（4）：73–78.

［74］陈晓艳，黄睿，洪学婷，等.传统村落旅游地乡愁的测度及其资源价
值——以苏南传统村落为例［J］.自然资源学报，2020，35（7）：
1602–1616.

［75］邹君，陈菡，黄文容，等.传统村落活态性定量评价研究［J］.地理科学，
2020，40（6）：908–917.

［76］陈水映，梁学成，余东丰，等.传统村落向旅游特色小镇转型的驱动
因素研究——以陕西袁家村为例［J］.旅游学刊，2020，35（7）：
73–85.

［77］李江苏，王晓蕊，李小建.中国传统村落空间分布特征与影响因素分
析［J］.经济地理，2020，40（2）：143–153.

［78］刘春腊，徐美，刘沛林，等.传统村落文化景观保护性补偿模型及湘
西实证［J］.地理学报，2020，75（2）：382–397.

［79］薛明月，王成新，窦旺胜，等.黄河流域传统村落空间分布特征及其
影响因素研究［J］.干旱区资源与环境，2020，34（4）：94–99.

［80］卢松，张小军.徽州传统村落旅游开发的时空演化及其影响因素［J］.
经济地理，2019，39（12）：204–211.

［81］杨婵，贺小刚.村长权威与村落发展——基于中国千村调查的数据分
析［J］.管理世界，2019，35（4）：90–108，195–196.

［82］李伯华，曾荣倩，刘沛林，等.基于 CAS 理论的传统村落人居环境演
化研究——以张谷英村为例［J］.地理研究，2018，37（10）：1982–
1996.

［83］李伯华，曾灿，窦银娣，等．基于"三生"空间的传统村落人居环境
演变及驱动机制——以湖南江永县兰溪村为例［J］．地理科学进展，
2018，37（5）：677-687.

［84］李伯华，刘沛林，窦银娣，等．中国传统村落人居环境转型发展及其
研究进展［J］．地理研究，2017，36（10）：1886-1900.